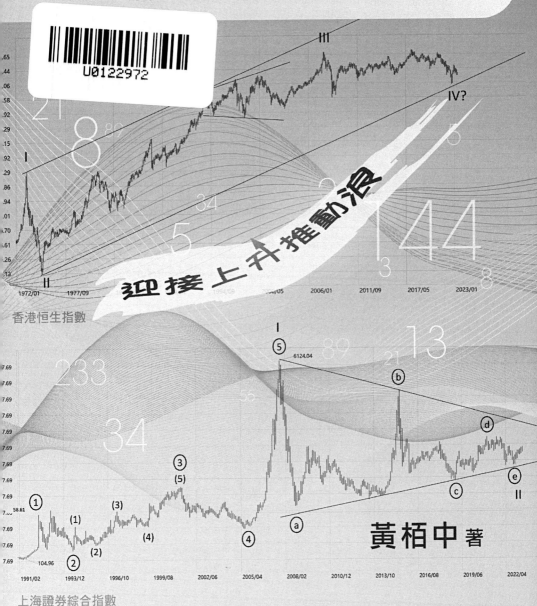

波浪理論家
— 金融趨勢預測要義

迎接上升推動浪

香港恒生指數

上海證券綜合指數

黃栢中 著

目録

緒論

市場的本質

人類社會並非社會成員的個別行為所構成。相反，是個別社會成員行為的結果，是超出所有行為的總和。換言之，群眾集體行為是超出個別人士所思所想的後果。當我們思考金融市場的走勢，有時候我們必須放棄從個別投資者的角度去看事物；反而，從整體的角度去觀察金融市場，可能會有意想不到的效果。

投資者的邏輯

這個理論看似艱深難明，但只要細想幾個事例便可明白箇中道理：

1) 每個投資者入市都希望獲取利潤，但統計告訴我們，八成投資者均告損手。此亦即是說，大部分投資者的預期與市場的結果背道而馳。然而，餘下來的炒家，卻獲取了超高回報。

2) 每個投資者入市時都有其背後的理由及期望，某程度上都是經過理性的抉擇，問題是雖然不少理由及預期

都是片面的，但在個別投資者的思維裡面，卻是在局限底下的邏輯思考結果。大家都知道，市場瞬息萬變，個別投資者永無辦法完全了解市場所有因素及每個倉盤的資料。換言之，所有投資者都在局限的資訊底下去進行投資買賣的決定。既然大家都從片面出發，在同一市場買賣的結果偏離大家所預期的機會相當大。

西方經濟學家自亞當史密斯開始，便試圖用種種理論架構去分析市場，而所使用的市場邏輯便是供求關係。當供應等於需求時，市場便出現，而交易的價格便成為這個市場的指標。因此，分析者都盡量了解供應與需求的情況。這種供求分析的最大缺陷，乃是必須假設供求是恒常不變的，否則計算出來的平衡價格便會顯得毫無意義。問題是，供求並不是恒常不變的，而更為重要的是，供求是受到價位的變化所影響。因此，在整個市場邏輯上，出現了回饋的情況，令傳統經濟學的模型失去了市場的現實。

試想，投資者對某市場的需求是參考甚麼的？

首先，他會問的是甚麼價位；其次，他會問前景怎樣。問市場的前景其實乃是預期其他市場人士對該種市場的供求看法。

換言之，投資者在考慮供求關係的時候，其實預先參考最新造價，最新的造價影響投資者的入市意欲，構成一個回饋的過程，互相影響。在現實市場上，根本無一項不是變數，實難以得到一個建設構造市場邏輯的支點。

必然的片面

「給我一個支點。我可以將整個世界舉起來。」古希臘哲學家如此說。可惜，我們找不到一個支點，因此我們無法舉起整個世界。同理，當我們要建構一個市場理論時，我們必須對市場作出某些假設，市場的邏輯才能夠推演出來。問題是在現實的市場中，所有因素都是變數，根本無從假設。若為市場分析方法上的需要，而強行將某些因素變成常數，不錯，市場的邏輯可以推演出來，但這個已不是真實的市場，而只屬於分析者腦海中的構想而已。

換言之，既然在市場中所有因素都是變數，我們根本沒有一個支點去分析市場。沒有支點，我們便無法得到一套市場的邏輯。

筆者並非說投資者沒有理性，而是要指出，投資者入市時所持的理由，往往是基於一系列的假設而來，而這些假設乃是在某段時間之內看為合理的假設而已。因此，投資者的看法必然是片面的。

以往我們認為，市場價格完全反映市場的基本因素，因此價格就是合理。當局者迷，旁觀者清，價格並不是反映市場基本因素，而是反映群眾對於市場基本因素變化的反應。事實上，市場基本因素不斷變化，而市場價格受到群眾的心理影響，時常高估或低估了這些因素，因此有市場便必有波動。當一個市場愈龐大，市場的羊群心理便愈明顯，最終成為一股全無理性的力量。若市場的情緒變化無理性可言，單單憑經濟因素是否足以解釋金融價格的上落呢？

供求平衡的概念遊戲

傳統經濟學家一般處理市場時間因素的變化，都以「短期」（Short Run）及「長期」（Long Run）的二分法入手，但至於甚麼才是「短期」，多長時間才是「長期」，都無法作出較為肯定的答案。可以說，經濟學的市場理論，將分析焦點集中在價格（Price）與數量（Quantity）之間的關係上；而技術分析家，則將分析的焦點集中在價格（Price）與時間（Time）的關係上。

大部分的經濟學家都太過著迷於「平衡」（Equilibrium）的概念上，彷彿每個市場人士都知道平衡價位在那裡，於是大家的交易向「平衡」進發。

市場經驗告訴我們，供求平衡只發生在買家及賣家交易的一剎那，不消幾分鐘買賣其中一方，便會哀鳴交易價太貴或太便宜。

供求平衡只是一個概念的遊戲，在實際的市場中，尤其投資市場，供求平衡何時出現過？市場價格每天都在上下波動，表示市價無時無刻都在調節當中。

有人會說：「非也，當每天收市時，市價豈不停在供求平衡的收市價上嗎？」可惜，收市鐘聲一響，實質市場便已消化，收市價只反映市場收市前的買賣情況而已。

有不少基本因素的分析家研究市場的供求情況，以推測市場價格的升跌。

　　筆者認為，這種市場分析只能提供一種十分概括的描述，至於能否正確預測市價走勢，其實相當成疑。有兩個因素會破壞其預測的成效：

1) 市場供求與市價是互相關連的。市場經驗告訴我們，在投資市場上，市價愈升，希望買入的需求愈大，相反，市價愈跌，拋售的供應愈多，市場情緒的變化經常扭曲了市場供求的狀況。

2) 市場因素及消息不斷入市，影響市場人士原先的供求預期。

　　由上面的觀察，「供求平衡」在概念上相當吸引，但在市場的實際應用上卻經常失效。

價格的隨機漫步

　　在 60、70 年代，美國學院派研究人員提出一個著名的理論名為「隨機漫步猜想」（Random walk Hypothesis），認為根據統計研究所得，金融市場的價位變動是隨機而缺乏相關性的。因此，任何根據歷史價格進行的後市預測，都只會徒勞無功。

　　該理論的含意相當重要，就是聘請基金經理代為投資，基本上與擲飛鏢作買賣決定毫無分別。

　　上述理論如果真的成立，相信會大幅推高世界的失業率。然而，在世界投資行業裡面，人數有增無減，這個行業的蓬勃發展總有其存在理由，實非上述理論所能解釋。

　　事實上，隨機數字所產生的累積結果，經常與金融市場的情況極為相似。

在圖 1A 中，筆者用電腦產生 1,000 個由 0 至 1 的隨機數字，這些數字中若大於 0.5，可轉化為 1，低於 0.5 者可轉化為 -1。之後，筆者以 100 為起點，將這 1,000 個數字累積加上去，並將之連成圖表。

數列	隨機數	計算	累積指數
1	0.168043421	-1	100
2	0.446585003	-1	99
3	0.427305007	-1	98
4	0.781845402	1	99
5	0.788525212	1	100
6	0.368159035	-1	99
7	0.076966942	-1	98
8	0.022708243	-1	97
9	0.198627403	-1	96
10	0.046354741	-1	95
..	..	..	..

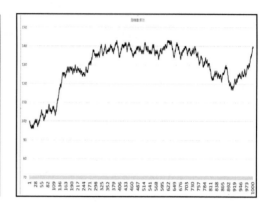

圖 1A　　隨機數累計指數

隨機數字所產生的累積結果，竟然出現一些重要的趨勢，與金融市場的趨勢形態不無兩樣。

一般人的邏輯認為，若果金融價格的變動是隨機而毫無相關性的話，則一切根據歷史價位所作的預測都是枉然的，因為預測必須根據歷史價格之間的相互關係而進行。是故，只要證明金融價格的關係是隨機的話，根據歷史價格資料而作的技術分析預測方法便可得到否定。統計證明，金融價格之間果然是隨機而無相關性的！

雖然金融價格有極大的隨機性質，但無可否認地，隨機數字的累積結果是經常產生趨勢的，正如空氣粒子既是隨機波動，

但其累積而產生的氣流，亦是有方向可言。對於投資者真正有意義的，並不是金融價格的隨機性質，而是金融價格中所出現的趨勢，只要此趨勢可利用方法進行預測，已經解決投資者的所有難題。

事實上，從實證所得，隨機數字所產生的累積結果，經常表現出一些重複出現的形態，而這些形態便是我們在圖表分析中經常見到的一些形態。圖 1B 是另一幅利用隨機數累積相加的圖表。

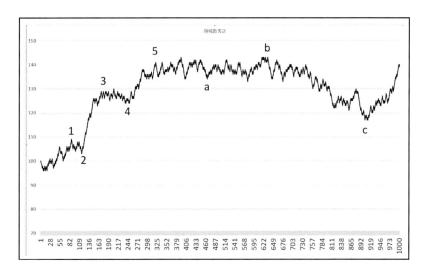

圖 1B　　隨機數累計指數波浪形態

由圖可見，其趨勢所出現的走勢形態，與波浪理論所描述的走勢模式極為脗合。換言之，在混沌隨機的基礎上，市場確出現一些重複出現的結構，此種現象正是當代「混沌理論」（Chaos Theory）所要研究的主題。

效率市場假設

學術界一般假設「效率市場」(Efficient Market)，圖表及價位資料基本已充份消化所有市場因素，因此圖表所反映的已是冰冷的市場歷史，對於市場預測毫無作用。

筆者認為，有兩點值得商榷：

1) 技術分析是由市場人士發展出來的知識體系，是按實際市場的需求而出現，「存在即合理」，技術分析在今日金融界大行其道，其作用不容忽視。市場人士最為現實，無用的東西很快便遭拋棄。

2) 筆者認為主要分歧的地方在於對市場的假設。學術界認為「有效率的市場」消化所有市場因素，技術分析家一方面亦同意這個假設，但另一方面則認為，市場的效率是一個過程，有時間因素在內，市場的效率並非一蹴即至，市場在調節消化消息的過程中，是一個預測及獲利的市場空隙。

在市場調節的過程中，炒家扮演了一個極為積極的角色，就是加速市場的效率，使市場價格更快反映合理價格。

波浪理論的研究

波浪理論家研究的並不是市場的合理價格，而是市場經常出現的形態而估計這些形態出現時，市場趨勢的展現。

序

喜歡看海的日子，喜歡它在風和日麗時的波平如鏡，在黃昏時的鱗光閃閃，在風雨中的力量澎湃。涉足金融市場後，一聽到波浪理論後即對之著迷，以波浪描述金融市場的走勢最貼切不過。市場如大海一樣，由無數投資者的買賣行為所累聚而成，盡管個別投資者力量微不足道，但聚合在一起的時候，卻是海量汪涵，順者生，逆者亡。更為有趣的是，盡管市場由個別投資者所滙聚而成，沒有個別投資者會完全知道市場的去向，猶如水點無法左右波浪的起伏一樣。

大海的變化縱然是深不可測，但我們亦非完全不能對變化的方向作出預報。一個不懂水性的人獨坐孤舟於茫茫大海上，看似浪漫，實則危險非常，隨時會被大浪吞噬。然而，一個經驗老到的漁人，卻能夠只靠一隻小艇而縱橫波浪之間。上述兩者的分別十分簡單——在乎對於波浪漲退的認識。

在投資市場一樣，有人道聽塗說便拿著畢生所得孤舟上路，市場風高浪急，失敗而回者多的是。然而，若能對市場的走勢作過深入的研究，知所進退，則投資市場確實存在龐大的資源以供發掘。

自 1989 年起，筆者開始研習波浪理論，大抵上，三個月已弄清楚所有波浪理論的原理及規則，然而，隨之而來的卻是多年的操練實戰與應用。在漫長的時間裡面，初期是知其然而不知其所以然，後來是浸淫於名與實的思辨之中，到最後是讓波浪自我呈現，隨波逐流。研習波浪理論如打太極拳，相信到化境時，應該是見升是升，見跌是跌，心隨波動，意跟浪走。

本書是為筆者多年來的數浪經驗作一總結。

黃栢中

2005 年6 月

2023 年版序

在 2023 年版中，筆者為各種波浪形態加入大量實例，讓讀者更容易掌握金融圖表上的波浪形態。此外，亦從長期角度，為中國股市，香港股市，美國股市，主要國際股市，主要外滙市場，金市及主要商品市場，逐一檢討其波浪形態，作出數浪式的界定，讓讀者掌握所處的波浪作出部處，以面對迎來的金融市場大變局。

黃栢中

2023 年 7 月 2 日

本書的鋪排分為五個部分：

第一部分是介紹波浪理論中，對於各種形態的分類，並介紹形態的特點及判斷。

第二部分是介紹波浪理論中，如何應用費波納茨數字序列 (Fibonacci Number Series) 配合波浪形態的分析。

第三部分是在每一個波浪形態中，如何透過對市場情緒及心理的判斷，作出正確的數浪。

第四部分是數浪方法的討論，此部分會詳細討論數浪時一些常見的問題，以及如何能夠達致正確的數浪技巧。

第五部分是實例篇，此部分會對主要市場的長線走勢作一次波浪理論的分析，包括：中港股市，美國股市，歐洲及亞洲主要股市，主要外滙市場，金市，商品市場。

第一章

波浪理論的背景
及
理論綱要

波浪理論背景

波浪理論始於一位美國退休會計師華福・納爾遜・艾略特 (Ralph Nelson Elliott)，艾略特生於 1871 年，於精壯之年在股市寂寂無名，直至退休後大病一場，在人生的最後階段卻大放異彩。在 1934 年，艾氏開始研究股市的波浪現象，時年已屆 63 歲，在這段時間，他以美國股市為主要研究對象，對市場千變萬化的各種現象歸納為**推動浪 (Impulse Wave) 及調整浪 (Corrective Wave)** 的幾種主要形態，從而對於市場的走勢作出多次準確的預測。

於 1938 年，艾略特出版《波浪原理》(The Wave Principle) 一書，奠定波浪理論的基礎。在書中，他化繁為簡，認為股市萬變不離其宗，都按著既定的波浪形態而運行，這種股市「命定論」在當時甚至是現在都是一個極大膽的理論。

在 1942 年，艾略特出版了第二本著作《自然定律》(The Nature's Law: The Secret of the Universe)，進一步建立波浪理的數學基礎及以費波納茨數字序列 (Fibonacci Number Series) 為依歸的股市分析法。

上述兩本著作，加上艾略特定期發表的投資通訊，開創了波浪理論在市場分析各門派中一股嶄新的力量。

艾略特於二次大戰後的 1948 年逝世，終年 77 歲。回顧艾略特的成就，可以説是「學無先後，達者為師」。一位六十多歲的老叟，憑著敏鋭的市場觀察力及勇氣，建構出一套偉大的理論，成為一代宗師，實令人好生佩服。

　　艾略特之後，波浪理論沉寂了一段長時間，直至70年代，美國一位年輕鼓手轉行從事市場分析，並開始重新演繹波浪理論。這位鼓手就是小羅伯特・柏徹特（Robert Prechter, Jr），他向市場有系統的重新演繹波浪理論的分析法，並在80年代成功作出多次準確的市場預測，令波浪理論一時間炙手可熱，成為不少投資者的話題。柏徹特的貢獻不僅在於重新吸引公眾對波浪理論的注意，他亦花了不少心血重新整理艾略特的著作及通訊，讓這些珍貴文獻得以流傳至現今讀者的手上。

　　在與柏徹特同期的各分析家手上，波浪理論可謂百花齊放，值得一提的主要波浪理論家包括：

　　A. J. 霍士（A. J. Frost）—— 與柏徹特合著波浪理論經典著作《艾略特波浪原理》（Elliott Wave Principle: Key to Market Behavior）。

　　A. H. 保頓（A. H. Bolton）——《銀行信貸分析》期刊（Bank Credit Analyst）編輯。

　　R. C. 伯文（R. C. Beckman）——《動力時間》（Powertiming: Using the Elliott Wave System to Anticipate and Time Market Turns）一書作者。

　　G. 蘭尼（G. Neely）——《駕馭艾略特波浪》（Mastering Elliott Wave - Presenting the Neely Method: The First Scientific Objective Apporoach to Market Forcasting with the Elliott Wave Theory）一書作者。

　　R. 白蘭（R. Balan）——《艾略特波浪理論應用於外滙市場》（Elliott Wave Principle Applied to the Foreign Exchange Market）一書作者。

上述分析家都有助波浪理論的發揚光大。不過，有趣的是，當中不少分析家的市場預測往往南轅北轍，各自表述，反映出波浪理論並非屬於精確的自然學科，更有人認為波浪理論是屬於一門藝術，而非一門科學，樂觀的説，波浪理論的可塑性仍然很大。

事實上來説，金融財務在學術界是一門主要的學科，無數學術專才都在致力研究市場預測的方法，然而，大家都難以找到如自然科學的金融定律，畢竟金融市場的影響因素實在太多，而無數投資者的意向性活動亦加深了市場分析的難度。相比之下，艾略特的簡單規則及理論卻能幫助分析者作出市勢的判斷，即使未如自然科學般嚴謹，卻是極具實踐意義的。

本書的寫作目的，是希望為波浪理論的各種形態作一次有系統的界定，令應用波浪理論更趨客觀化，從而增添其論證的可靠性。

波浪理論綱要

波浪理論聽來玄妙，但其實基本概念十分清晰，只要理論能夠清楚界定，在應用時將可撤除很多模稜兩可的情況，使數浪方法的可證性更為提高。

艾略特認為，市場的運行是以周期性質波動，一個趨勢之中有兩種波浪：推動浪（Impulse Wave）及調整浪（Corrective Wave）。

所謂推動浪是順著趨勢的市場波動，而調整浪則是逆著趨勢的市場波動。

順著趨勢的推動浪可細分為五個子浪，而逆著趨勢的調整浪可細分為三個子浪。在推動浪的五個子浪中，有三個是順著趨勢的子浪，有兩個是逆著趨勢的子浪。在調整浪中，有兩個是逆著趨勢的子浪，有一個子浪是順著趨勢的。

換言之，在大趨勢中有順勢的波浪，亦有逆勢的波浪，互相交替。（見附圖1.1）

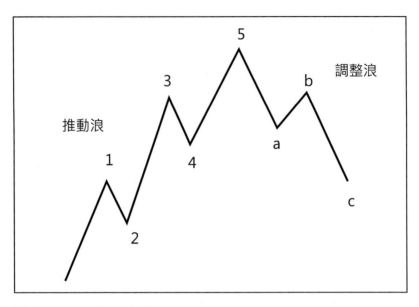

圖 1.1　波浪形態基本結構

　　波浪理論的另一個洞見是，大浪中有中浪，中浪中又有小浪，一層層地建構著。

　　所謂波浪層層疊疊，意思是無論在月線圖上或 5 分鐘圖上，我們都可以看到五個推動浪與三個調整浪的市場結構。這種結構我們稱之為分形結構（Fractal Structure），就如水晶或雪花一樣，若以顯微鏡觀看，都可以見到其微型結構是由相同的子結構組成的。

波浪形態的結構

　　一個波浪形態的最基本結構是由一個升浪及一個跌浪所組成。細分之下，升浪可分為五個子浪，而跌浪可分為三個子浪。一般而言，升浪的五個子浪以阿拉伯數目字 1、2、3、4、5 細分，而跌浪的三個子浪是以英文字母 a、b、c 劃分。

　　若進一步細分的話，升浪中的五個子浪又可再分為低一級的子浪，其中，1、3 及 5 浪可分為低一級的五個子浪，而 2 浪及 4 浪則分為低一級的 a、b、c 三個子浪。

　　至於跌浪中的三個子浪中，a 浪可細分為五個低一級浪或三個低一級浪，b 浪可細分為三個低一級浪，而 c 浪可細分為五個低一級浪。（見附圖 1.2）

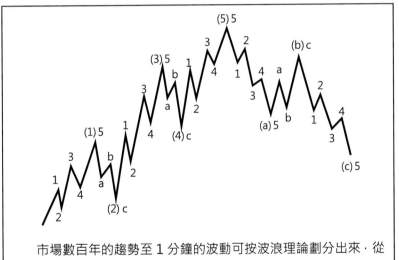

　　市場數百年的趨勢至 1 分鐘的波動可按波浪理論劃分出來，從而作出預測。

圖 1.2　波浪之中見波浪

若數一數波浪的數目，我們可以計算出：

在最高層次，一個升浪加一個跌浪，共有兩個浪。

在低一級層次的劃分下，升浪有五個子浪，跌浪有三個子浪，前後共八個子浪。

若按再低一級層次的劃分的話，升浪中有 21 個子浪，跌浪中有 13 個浪，前後共有 34 個浪。

如此類推，理論上，一個波浪形態可以再細分為 89 個升浪中的細浪及 55 個跌浪中的細浪。（見附圖 1.3、1.4 及表 1.1）

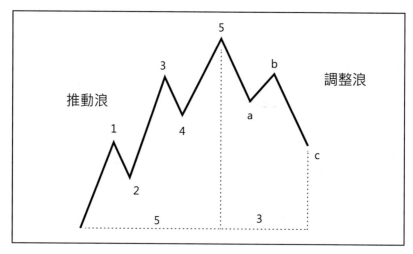

圖 1.3　波浪形態基本結構

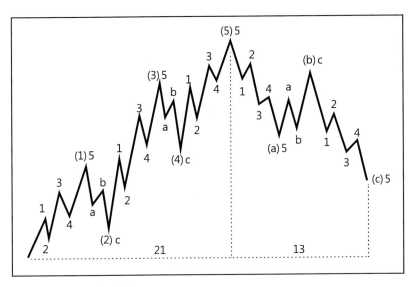

圖 1.4　波浪之中見波浪

波浪級別	牛市	熊市	完整周期
巨浪	1	1	2
大浪	5	3	8
中浪	21	13	34
小浪	89	55	144

表 1.1　不同級別：波浪及其數量

　　值得我們留意的是，在實際應用波浪理論分析市場時，不同級別的波浪往往對於分析者造成十分大的困擾。因此，在應用上，波浪理論家往往會先訂下不同波浪級別的符號，讓讀者以資識別。

對於一張長線的波浪分析圖，筆者一般會用以下的符號以界定不同九級級數的波浪：

超級大浪 (30-100 年以上)：Ⓘ Ⓘ Ⓘ Ⓘ Ⓥ Ⓐ Ⓑ Ⓒ

超級浪 (10-30年)：(I) (II) (III) (IV) (V) (A) (B) (C)

周期浪 (5-10年)：I II III IV V A B C

大浪 (1-5年)：① ② ③ ④ ⑤ ⓐ ⓑ ⓒ

中浪 (1-3年)：(1) (2) (3) (4) (5) (a) (b) (c)

小浪 (1-12 個月)：1 2 3 4 5 a b c

微浪 (2-4 周)：ⓘ ⓘ ⓘ ⓘ ⓥ ⓐ ⓑ ⓒ

微小浪 (3-14天)：(i) (ii) (iii) (iv) (v) a b c

微子浪 (1-3 天)：i ii iii iv v .a .b .c

在某些簡化的情況，筆者則會用以下六級波浪符號：

超級浪：(I) (II) (III) (IV) (V) (A) (B) (C)

周期浪：I II III IV V A B C

中浪：(1) (2) (3) (4) (5) (a) (b) (c)

小浪：1 2 3 4 5 a b c

微小浪：(i) (ii) (iii) (iv) (v) a b c

微子浪：i ii iii iv v .a .b .c

在艾略特的原著中，艾氏所倡導的符號有所不同，在微浪或以下，他選用 a - b - c - d - e 數算微浪中的推動浪。不過，這種符號用法很容易會與調整浪 a - b - c 混淆，現時大部分波浪分析家都選用數字來數算推動浪，而用英文字母來劃分調整浪，筆者亦選擇用後者的數浪方法。

在艾略特的長期數浪式中，他認為美國股市由 1800 年開始是運行著五個超級大浪：

一、超級大浪①是由 1800 年至 1850 年；

二、超級大浪⑪是由 1850 年至 1857 年；

三、超級大浪⑪是由 1857 年至 1928 年 11 月；

四、超級大浪⑭是由 1928 年 11 月至 1942 年，以一個 13 年的長期水平三角形運行；

五、超級大浪⑮由 1942 年開始，直到現在。

波浪理論的假設

波浪理論對於金融市場的理解是相當大膽的，艾略特透過市場的觀察，歸納後認為市場存在一個基本的結構，這是一個十分重要而基本的假設。

對於這個基本的結構，艾略特認為市場是根據費波納茨數字序列（Fibonacci Number Series）而發展出來的結構，這是第二個重要的假設。

由費氏數字序列引伸出來的，是金融市場以分形結構的方式發展出來的。如前面所述，分形結構的意思是大的波浪是由小的波浪組成，而其結構形式是一樣的。

另外，波浪理論對於市場的假設是非線性的，亦即是説，波浪理論認為市場的發展是周期性而不可以用線性推算的。這個假設與大部分基本分析方法對市場的假設大相逕庭。

除了非線性的假設外，波浪理論假設市場並非以對稱形式運行。所謂對稱性，即認為市場的周期性現象不是簡單的重複，反映在升市與跌市的結構不一致，升市與跌市所需要的時間不一致，價位的上落幅度亦不一致。因此，在同一個升跌市的結構裡面，歷史並不會重複，形態亦並不重複。當然，前文已説過，就是在結構與結構之間，形態會自我重複。

波浪形態範例

圖 1.3A, 1.3B, 1.4A, 1.4B

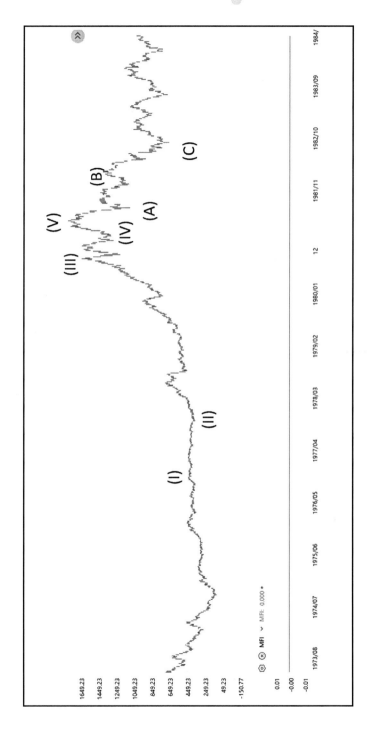

圖 1.3A 恒生指數周線圖推動浪及調整浪 (1974 年 12 月至 1982 年 11 月)

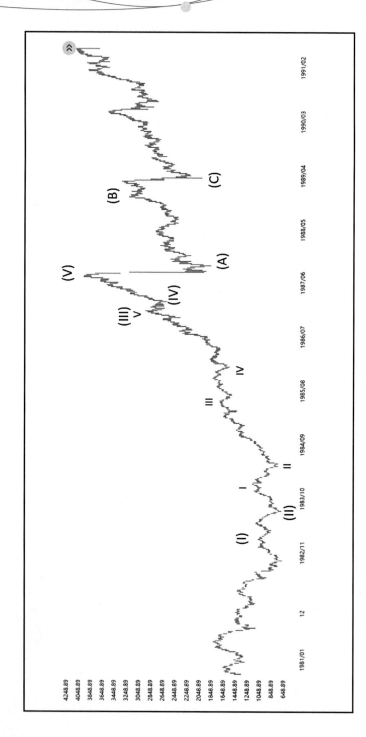

圖 1.3B　恒生指數周線圖推動浪及調整浪中有浪 (1982 年 11 月至 1989 年 6 月)

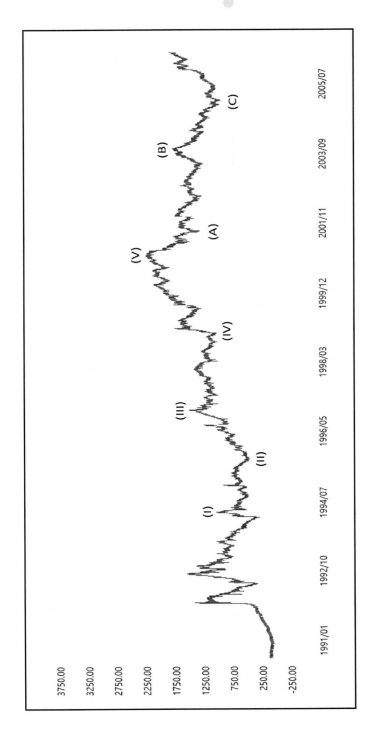

圖 1.4A　上證指數周線圖推動浪及調整浪 (1994 年 7 月至 2005 年 7 月)

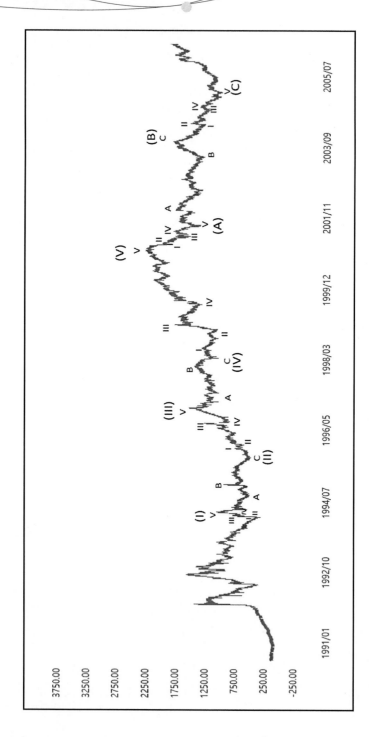

圖 1.4B　上證指數周線圖推動浪及調整浪浪中有浪 (1994 年 7 月至 2005 年 7 月)

數浪原則

在波浪理論裡面，主流趨勢以五個浪的形式運行，而反主流趨勢以三個浪的形式運行，雖然在形式上有一個基本的結構，但在實際應用上，分析者其實可以天馬行空，喜歡怎樣數便怎樣數。在圖表上，若沒有一定的數浪原則，則數浪者出錯的機會相當大。事實上，在波浪理論的架構裡，有幾個最基本的數浪原則，這些數浪原則是由艾略特開始，藉多方觀察及歸納而得出來的，亦在數十年來，得到不少波浪分析家的印證及應用。因此，利用這些數浪原則去規範數浪的可能性，對分析者成功判斷波浪形態的發展極有助益。不過，**讀者亦必須要明白，即使有了以下的數浪規則，符合數浪原則的數浪式仍然有不少，分析家必須憑經驗及市場邏輯去推敲最具可能性的數浪式，以對市勢發展作出判斷。**

嚴格來說，數浪原則只有以下四條：

第一，2 浪不應低於 1 浪的起始點；

第二，在推動浪的五個浪之中，1、3、5 子浪之中，第 3 個子浪不會是最短的。

第三，在推動浪的五個浪之中，4 浪及 2 浪不會互相重疊。

第四，2 浪與 4 浪是以不同的形態出現——交替原則（Rule of Alteration）。

對於以上四個數浪原則，以下將對每條原則作逐一剖析。

一、2 浪不低於 1 浪的起點

對於 2 浪不低於 1 浪的起點，意指當一個上升趨勢成立的時候，市場的底部將出現一個高低底，即浪底一浪高於一浪。

為甚麼 2 浪底不可以低於 1 浪的起點呢？原因十分簡單，若 2 浪低於 1 浪的起點，則這個 2 浪底才是真正的底部，亦即其後推動浪出現的起始點，換言之，界定推動浪的起始點應以後一個底位開始較具邏輯。

不過，反過來説，1 浪的起點是否一定是一個趨勢起始時的最低點呢？這亦不一定。例如在其後的形態分析我們會談一個趨勢的終結有時候會出現第 5 浪中的失敗形態，意即 5 浪不超越 3 浪的終點；則由失敗 5 浪的終點起計，5 浪不是一個趨勢的終點，而是第二個市勢轉捩點。（見附圖 1.5）

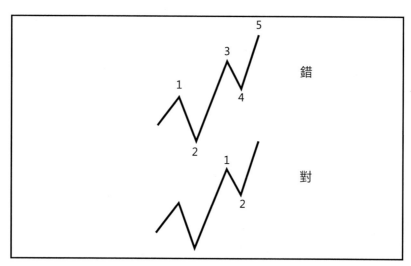

圖 1.5　2 浪不低於 1 浪起始點

二、3 浪不會比 1 浪或 5 浪短

這個規則的意思是，在推動浪之中，有三個主流趨勢的力量，其中：

1）若 1 浪力量最大最長，則 3 浪次之，5 浪最弱。

2) 若 1 浪開始時力量最弱及最短，則 3 浪較長，而 5 浪最強及最長。

3) 若 1 浪開始時力量一般，則 3 浪最強及最長，而 5 浪的力量及長度則與 1 浪相若。

在上述三種情況下，3 浪都不是最短的。

事實上，上面只排除一種情況，就是 3 浪最短的情況。按市場邏輯而論，市場由弱到強或由強到弱都是循序漸進的，因此 3 浪不會是最短的。至於 3 浪比 1 浪及 5 浪皆長的情況是，在推動浪的中段，市場力量充沛，都比 1 浪或 5 浪為高。若 3 浪是最短的話，則有違推動浪的主要性格，而力量沒有連貫性。事實上，若數 3 浪最短，數浪者的數法有很大機會出錯，3 浪延伸的機會更大。（見附圖 1.6）

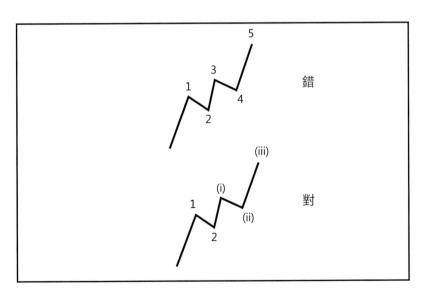

圖 1.6　1、3、5 浪之中，3 浪不是最短

三、2 浪與 4 浪在價位上不會互相重疊

這個 2 浪及 4 浪不會互相重疊的規則背後，是反映 3 浪的推動力量不會是最弱的。既然 3 浪有一定的長度，2 浪與 4 浪重疊的機會便十分細。

所謂重疊，意思是 4 浪的終點在價位水平方面低於 2 浪的起點（即 1 浪的終點）。

事實上，在子浪的形態上，2 浪與 4 浪不重疊者其實亦有例外的地方，例如在稍後會談到的斜線三角形 5 浪之中，2 浪與 4 浪是會重疊出現的，這反映出當推動浪到達尾聲的時候，5 浪已成強弩之末，子浪已失去推動的力量。（見附圖 1.7）

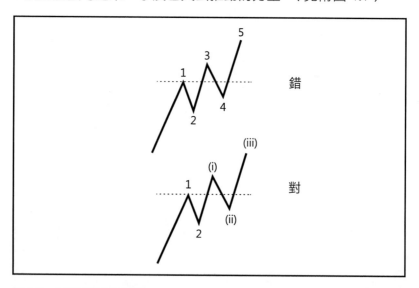

圖 1.7　4 浪不與 2 浪重疊

四、交替原則—— 2 浪與 4 浪是以不同的形態出現

在這一條規則之下，2 浪及 4 浪並非以對稱的形式出現，見諸於 2 浪與 4 浪之間以下不同的地方：

1) 若 2 浪調整時間長，則 4 浪調整時間短，相反亦然；

2) 若 2 浪調整的形態複雜，則 4 浪調整的形態會簡單，相反亦然；

3) 若 2 浪調整的價位幅度較大，則 4 浪調整的價位幅度較小，相反亦然。

對於交替原則，有些人在應用時，將一個微細的整固看成是一個 2 浪或 4 浪，一個圖形上明顯是三個浪的走勢，生硬地應用交替原則數成是五個浪，這些都對數浪的準確性造成影響。畢竟五個浪是五個浪，三個浪就是三個浪，圖表上憑觀察可以清楚得知，不應將數浪式硬套於圖表的趨勢上。

事實上，交替原則雖然表示 2 浪與 4 浪之不同之處，但 2 浪與 4 浪始終有可互相比較的大細，這點要特別注意。（見附圖 1.8）

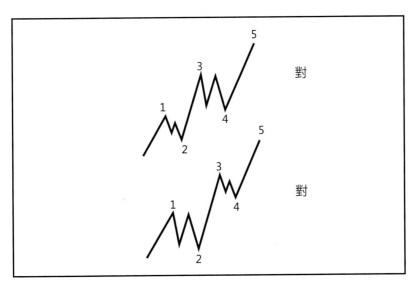

圖 1.8　交替原則——2 浪 4 浪以不同的形態出現

上述四大數浪原則若能嚴格遵守，對於正確推斷後市有極大的作用，不容忽視。

第二章

推動浪

根據波浪理論的看法 一個主流趨勢共有五個浪，充滿動力，故名之謂「推動浪」。

對於推動浪，大致上我們可以從中觀察到有三種主要形態，包括：

一、延伸浪 (Extension Wave)

二、斜線三角形 (Diagonal Triangle)

三、失敗 5 浪 (Fifth Wave Failure)

以下將逐一介紹。

一、延伸浪

延伸浪是推動浪形態的一種,其形態的特點進一步展示了數浪規則中「3 浪不是 1、3 及 5 浪中最短的一個」的原則。所謂推動浪,意思是在 1、3 及 5 浪這三個順趨勢的子浪之中,其中一個浪出現:

1) 較長的價位幅度;

2) 在形態上,其子浪亦見到明顯五個波浪;及

3) 動力充沛,充滿爆炸力的運動。(見附圖 2.1)

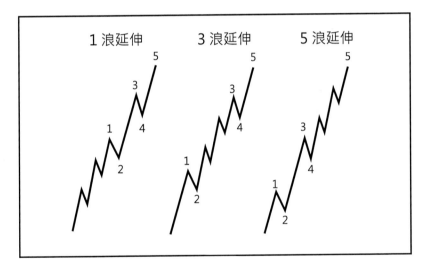

圖 2.1　延伸浪

有幾點值得注意的是:

1) 延伸浪既然是推動浪的一種形態,延伸浪不會出現在調整浪之中。

2) 在 1、3 及 5 浪之中 只有一個延伸浪。

3）3浪即使不是延伸浪，3浪亦不會是最短的一個浪。

4）比較延伸浪在1、3或5浪出現的機會，3浪出現延伸浪的機會最大，5浪次之，而1浪出現延伸浪的機會最小。

5）對於商品期貨等產品，5浪出現延伸浪的機會較大，而5浪的上升幅度有些情況下會大幅高於1浪及3浪。這種情況可解釋為在5浪上升的時間，大量用家作出對沖或補回空倉所致。

6）對股市的大牛市，5浪延伸浪亦經常出現。

7）3浪出現延伸浪的機會較大，而3浪延伸所出現的低一級五個子浪中，其子浪3出現延伸的機會又最大，因此我們有「3浪中的3浪」的重要市場現象，即3浪中的3浪最具爆炸力，是投資者最希望捕捉的一組波浪。

8）1浪出現延伸浪的機會最細，1浪一般而言多被人看作是一個逆市的反彈多於一個趨勢的開始。不少人待1浪的五個子浪完成後拋空，卻往往被其後出現的3浪所套牢，此正是沽家淡友的英雄塚。

雖然上面有眾多的觀察，延伸浪往往在眾人不以為意的時候出現，究其原因，只有大部分人都看錯的時候，斬倉盤、追貨盤等等才會引發市場爆炸性的動力。是故，隨機應變是數浪者的重要守則。

延伸浪的分形結構

眾所周知，波浪理論建基在分形結構的假設上，意即高一級波浪與低一級波浪在結構上是一致的。套用在延伸浪裡面，分形結構亦同樣適用。其中可見的現象包括：

1) 若高一級波浪的層次上，3 浪出現延伸浪，低一級浪中，子浪 3 亦會同樣出現延伸浪。上面的意思是，若 3 浪是延伸浪，其子浪結構亦會出現明顯的五個子浪，而五個子浪之中，低一級的子浪 3 亦會出現延伸浪，由此發展出前述的「3 浪中的 3 浪」特性。

2) 若高一級波浪的層次上，5 浪出現延伸浪，低一級浪中，子浪 5 亦會同樣出現延伸浪。換言之，在 5 浪的延伸浪中，其子浪 5 亦會再出現低一級的延伸浪。毋怪乎在大牛市消耗性的上升之中，5 浪的 5 浪綿綿不絕，令人驚訝不已。

3) 若 1 浪為延伸浪，其中的子浪在子浪 1 出現延伸浪，則高一級波浪層次上，1 浪亦為延伸浪。

在上述三種情況下，無論形態上或波浪與波浪的比率上，亦有相接近的關係。

參範例圖 2.1A，圖 2.1B。

圖 2.1D，圖 2.1E，圖 2.1F。

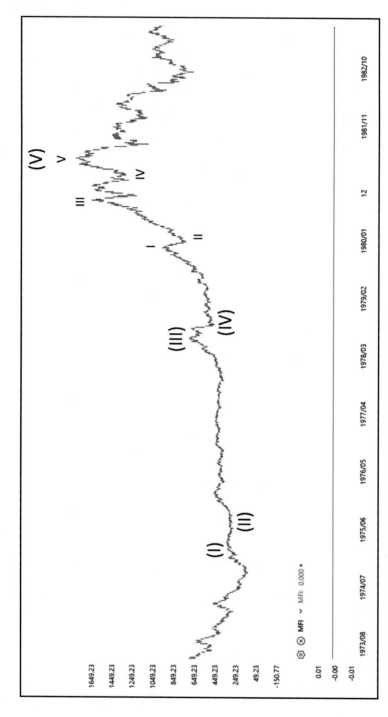

圖 2.1A　恒生指數周線圖線圖推動浪 5 浪延伸 (1974 年 12 月至 1982 年 11 月)

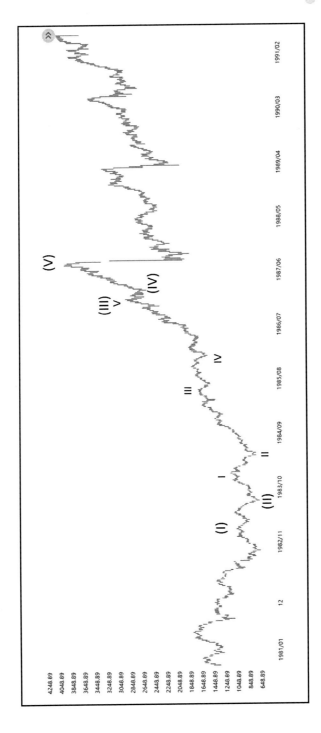

圖 2.1B　恒生指數周圖線圖推動浪 3 浪延伸 (1982 年 11 月至 1989 年 6 月)

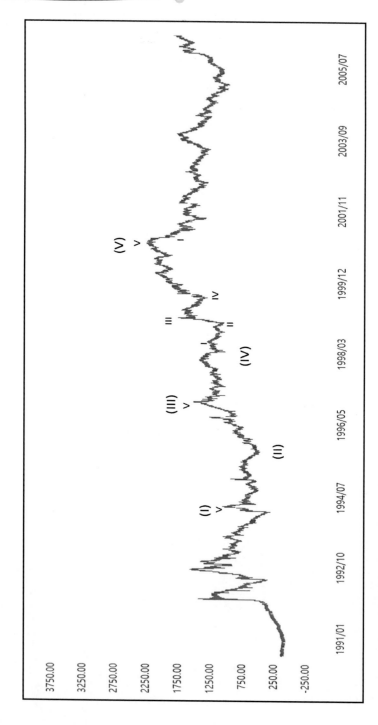

圖 2.1D　上證指數周線圖推動浪 5 浪延伸 (1994 年 7 月至 2005 年 7 月)

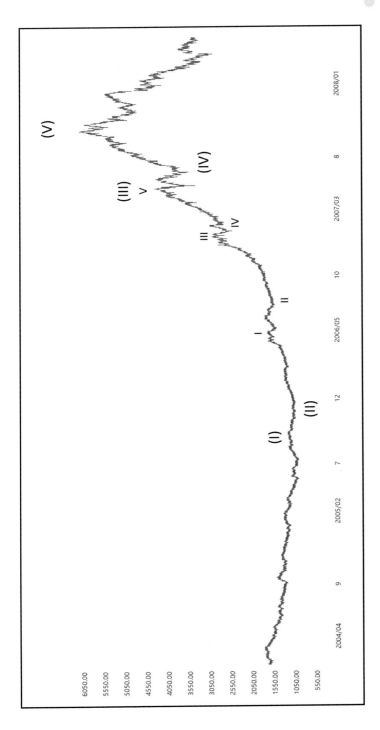

圖 2.1E　上證指數周/周圖線圖推動浪 3 浪延伸 (2005 年 7 月至 2007 年 10 月)

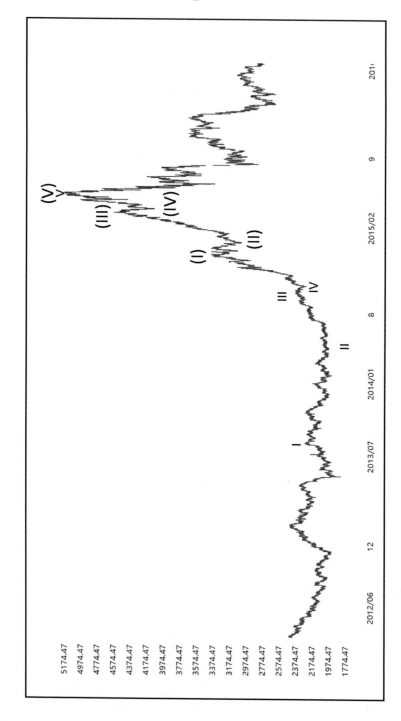

圖 2.1F　上證指數周線圖推動浪 1 浪延伸 (2013 年 6 月至 2015 年 6 月)

二、斜線三角形

斜線三角形是推動浪的另一種主要形態，其特點與延伸浪形態相反，是數浪原則中「2浪與4浪不會互相重疊」的一種例外。斜線三角形以上升楔形或下降楔形的形式運行，其中，2浪與4浪互相在價位上重疊。

事實上，斜線三角形在形態上可分為兩種主要狀態，包括：

1) 收窄斜線三角形

2) 擴大斜線三角形

斜線三角形一般出現在5浪的位置，在某些情況下亦會出現在1浪的位置。

若斜線三角形在5浪出現，其子浪會有五個，但每個子浪都只有三個低一級浪，形成3-3-3-3-3的子浪形態。

若斜線三角形在1浪出現，其子浪會有五個，但其中的子浪1、3及5是以五個低一級浪運行，而子浪2及4是以三個低一級浪運行，形成5-3-5-3-5的子浪形態。

無論何種形式的斜線三角形，其特點都是子浪2及子浪4在價位上互相重疊。

斜線三角形在5浪位置出現告訴我們一點，就是市場趨勢的動力愈來愈細，因此4浪的調整會接近2浪波幅水平。斜線三角形在第5浪出現，向我們證明第5浪已經到達，市勢逆轉指日可待。

斜線三角形若在 1 浪位置出現，則告訴我們趨勢初成，推動力量不足的事實。不過，由於趨勢動力開始，其子浪 1、3 及 5 都存在五個低一級波浪。（見附圖 2.2 及 2.3 ）

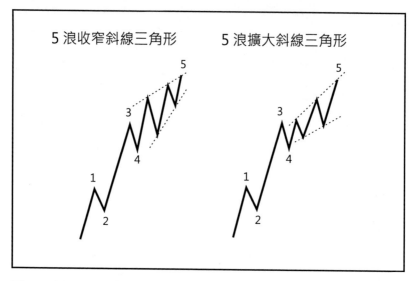

圖 2.2　斜線三角形在 5 浪出現

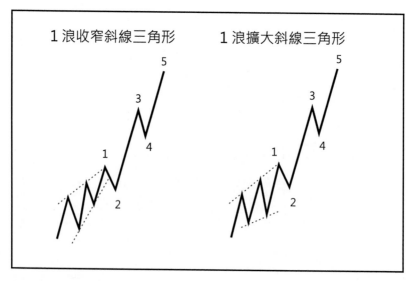

圖 2.3　斜線三角形在 1 浪出現

斜線三角形後的推算

斜線三角形以上升楔形的形態出現，若市況下破斜線三角形的下限線，將確認 1 浪或 5 浪正式結束，而按理論，市價最少要回到斜線三角形中子浪 2 的價位水平。

若比較形態分析的理論，上升楔形向下突破後，其價位應回調楔形高度的三分之二水平，此亦可以引為參考。

參考圖 2.2A，圖 2.2B，圖 2.3A，圖 2.3B。

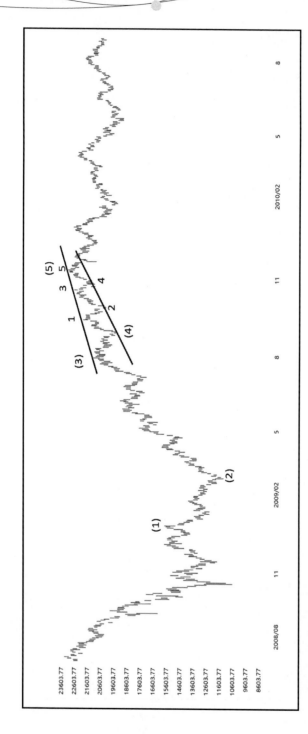

圖 2.2A　恒生指數日線圖線圖推動浪 5 浪收窄斜線三角形 (2009 年 9 月至 2009 年 11 月)

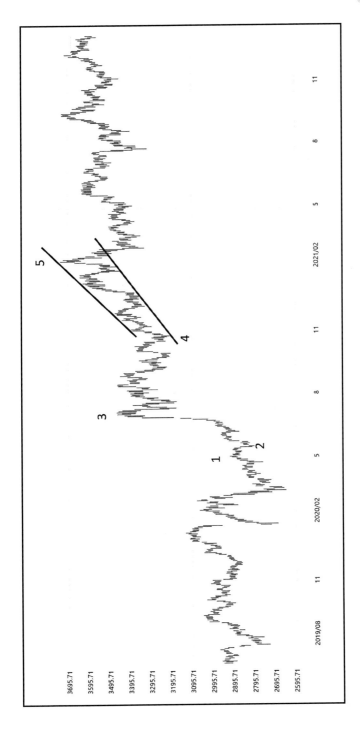

圖 2.2B　上證指數日線圖推動浪 5 浪擴大斜線三角形 (2020 年 3 月至 2021 年 2 月)

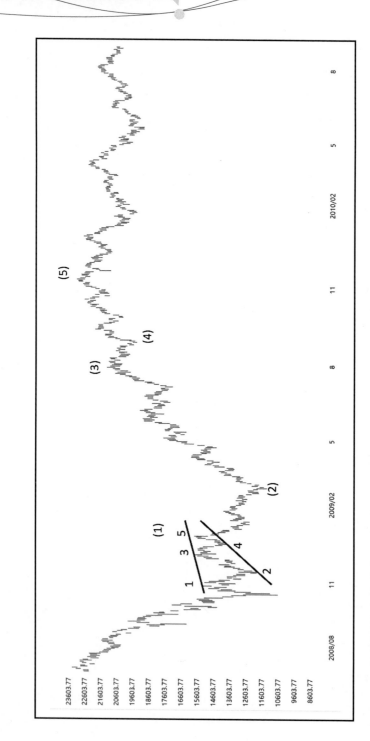

圖 2.3A 恒生指數日線圖推動浪 1 浪收窄斜線三角形 (2008 年 11 月至 2009 年 1 月)

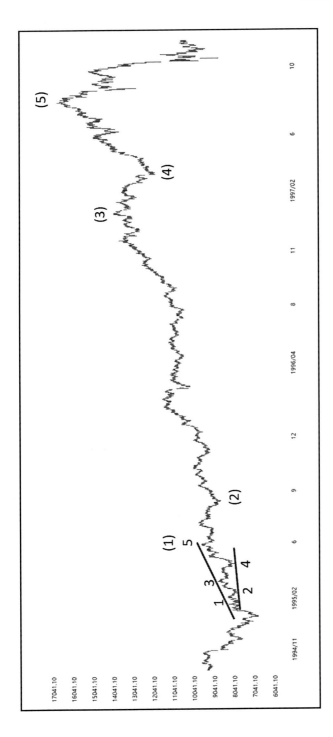

圖 2.3B 恒生指數日線圖推動浪 1 浪擴大斜線三角形 (1995 年 1 月至 1995 年 6 月)

三、失敗 5 浪

推動浪中第三種主要形態是失敗 5 浪，所謂失敗 5 浪，其意思是 5 浪未能突破 3 浪的終點而完結。一般而言，在一浪高於一浪的趨勢下，5 浪會升越 3 浪的高點，但由於動力衰竭，5 浪不能創新高，顯示出趨勢已告結束，其後的調整將會十分之深。

失敗 5 浪有以下主要的特點：

1）失敗 5 浪的價位長度多數會比 1 浪及 3 浪為短，而時間運行亦最短。

2）失敗 5 浪的形態存在五個子浪，與 5-3-5-3-5 的推動浪形態一樣。

3）失敗 5 浪動力最弱而且短暫。（見附圖 2.4）

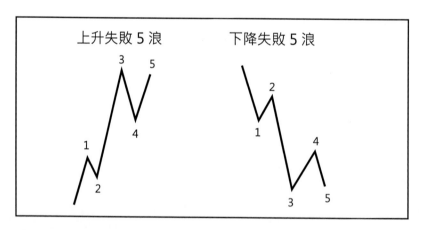

圖 2.4　失敗 5 浪

在判斷失敗 5 浪的時候，有以下必須注意的情況：

1）失敗 5 浪很多時候會被判斷為 5 浪延伸浪的子浪 1，意即分析者預期後市仍會有大幅上升的空間。然而事與願違，失敗 5 浪出現後，其後的調整過大，證明 5 浪延伸無法出現。

2）若失敗 5 浪的五個子浪形態不清晰的話，分析者有可能會將之誤判為斜線三角形的子浪 1（以三個子浪為主）。

3）相反而言，分析者判斷失敗 5 浪已經出現之後，有可能這只屬於延伸浪或斜線三角形的子浪 1，令分析者預測頂位的位置出現嚴重錯誤。

4）不少情況下，失敗 5 浪亦會被分析者看作是調整浪中的 b 浪，但主要判別點是其子浪形態：若為五個子浪的話是失敗 5 浪；若為三個子浪的話是調整 b 浪。

5）對於上述情況，數浪者必須經常修正較早前的數法，以免影響往後的預測。

參考圖 2.4A，圖 2.4B。

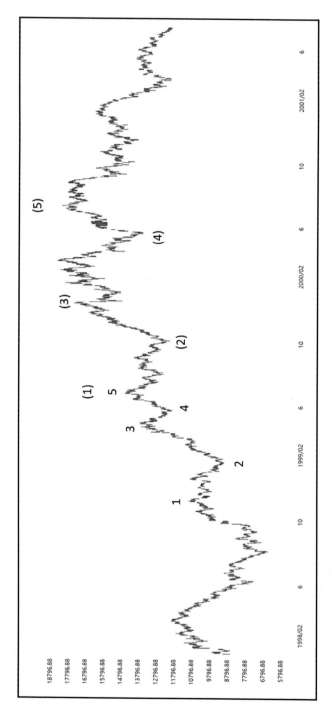

圖 2.4A　恒生指數日線圖推動浪 5 浪失敗浪 (2000 年 5 月至 2000 年 7 月)

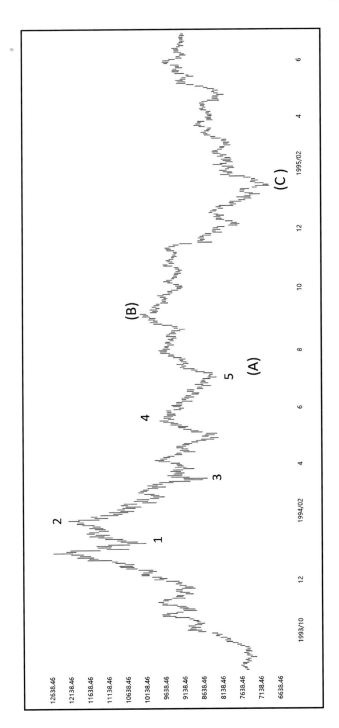

圖 2.4B　恒生指數日線圖下降推動浪 5 浪失敗浪 (1994 年 5 月至 1994 年 7 月)

第三章

調整浪

當推動浪的五個浪結束後，市場的周期進入調整浪之中，調整浪是逆趨勢的回調（Retracement）。一般而言，其回調的深度不會低於之前推動浪的起點，否則，調整浪不屬於推動浪的調整。

然而，推動浪的起點水平是否可被突破呢？這是可能的那是證明這個浪不屬於之前一組浪的調整而已。

調整浪的出現，證明市場的定律：

一、市場有升必有跌；

二、有買入必有沽出，沽出後必有買入；

三、市場循環周期周而復始。

調整浪的主要簡單形態有以下四種：

一、之字形態 (Zig-Zag)

二、平坦形態 (Flat)

三、不規則形態 (Irregular)

四、水平三角形 (Horizontal Triangle)

至於調整浪的複雜形態，則有以下主要兩種：

五、雙重三 (Double-three)

六、三重三 (Triple-three)

上面兩種複雜形態是由簡單的調整浪形態所組成，所謂雙重三是由兩組簡單的調整浪所組成，而三重三則是由三組簡單的調整浪所組成。

一、之字形態

之字形的調整浪是以 abc 三個子浪所組成，而 abc 三個浪的子浪是以 5-3-5 的形式出現；換言之，a 浪有五個子浪，b 浪有三個子浪，c 浪有五個子浪。

就形態而言，abc 三個浪是逆趨勢的回調，其中 a 浪及 c 浪是順著調整浪的方向，而 b 浪在 a 浪及 c 浪之間是反調整浪的趨勢。按定義，b 浪不會比 a 浪長，而 c 浪會突破 a 浪的終點。（見附圖 3.1）

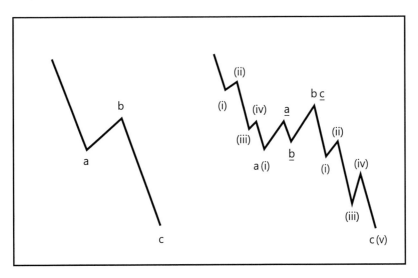

圖 3.1　之字形態 (5-3-5)

參範例圖 3.1A，圖 3.1B，圖 3.1C。

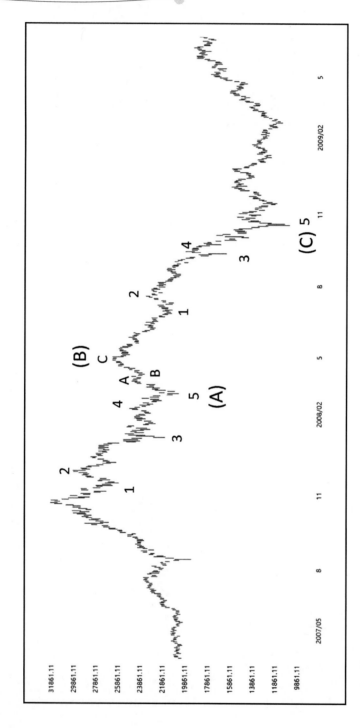

圖 3.1A　恒生指數日線圖調整浪 A B C（2007 年 10 月至 2008 年 10 月）

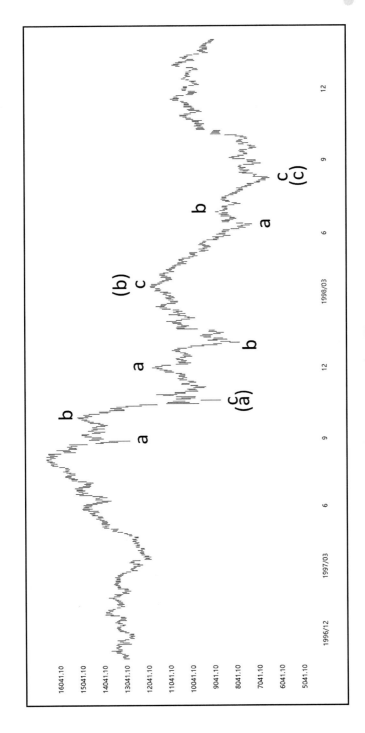

圖 3.1B　恒生指數日線圖調整浪雙重之字 (1997 年 8 月至 1998 年 8 月)

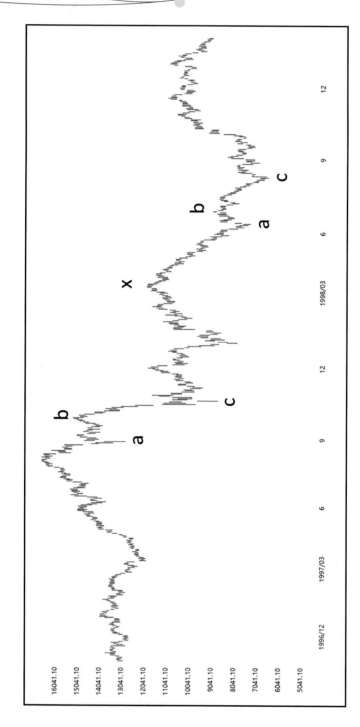

圖 3.1C 恒生指數日線圖調整浪雙重之字 (1997 年 8 月至 1998 年 8 月)

在之字形態之上，艾略特亦指出，市場有機會發展出一個複雜的雙重之字形態（Double Zig-Zag）。顧名思義，雙重之字形態是由兩組之字形態的波浪所組成，其組成方法是：

第一組之字形態是 a 浪；

中間的連接浪是 b 浪，以三個子浪組成；

第二組之字形態是 c 浪。（見附圖 3.2）

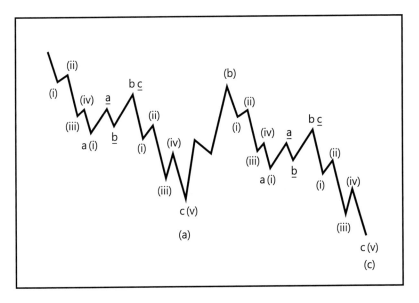

圖 3.2　複式之字形態——雙重之字形態 (5-3-5-3-5-3-5)

雙重之字形態與簡單之字形態的分別在哪些地方呢？

簡單之字形態的子浪結構是 5-3-5 形式。而雙重之字形態的子浪結構是 3-3-3，或其低一級子浪（5-3-5）-（3）-（5-3-5）。

在實際應用上，雙重之字形態的走勢往往會令分析者大失預算，原因是當 5-3-5 出現後，理應是推動浪出現的時間，可

惜當反彈過後，市場又再出現另一組之字形態的調整浪，這對調整浪的分析產生十分大的不確定性。

另一方面，對於一些分析者而言，當見到三個調整浪及三個反彈浪後，必然會預期平坦形態的出現，即下一組調整浪會以五個子浪的形式回落。然而，雙重之字形態實際上以 3-3-3 的形式運行，即三個子浪完成後即見回升，亦令不少數浪者手足無措。

要留意的是，艾略特將之字形態分為以下三個層次：

小浪：ａｂｃ三個浪的子浪結構為 1-1-1

中浪：ａｂｃ三個浪的子浪結構為 5-3-5

大浪：ａｂｃ三個浪的子浪結構為 5-3-5-3-5-3-5

上面大浪亦即雙重之字形態，可見艾略特對雙重之字形態的重視程度。

二、平坦形態

平坦形態的調整浪是以ａｂｃ三個子浪所組成，而ａｂｃ三個浪的子浪是以 3-3-5 的形式出現，換言之，ａ浪是三個子浪，ｂ浪是三個子浪，ｃ浪是五個子浪。

形態上，ｂ浪與ａ浪長度相若，換言之，ｂ浪的終點回升至ａ浪的起點，然後ｃ浪順調整浪的趨勢運行五個子浪。

按定義，ｂ浪終點與ａ浪起點的價位水平相若，因此有平坦形態之稱。

至於 c 浪方面，則理論上沒有太多限制，c 浪可以稍短於
a 浪，亦可與 a 浪相等，c 浪亦可長於 a 浪。一般而言，我們會
預期 c 浪與 a 浪相等。（見附圖 3.3）

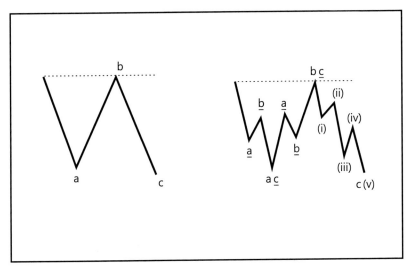

圖 3.3　平坦形態 (3-3-5)

在實際應用時，很多時間數浪者忘記了平坦形態的主要特
徵——平坦，即使 b 浪未到 a 浪的起點，亦將之看為平坦形態，
並預測五個浪的下跌，殊不知，若 a 浪出現三個子浪，而 b 浪
的三個子浪完成後又未能回到 a 浪的起點，此將至少有兩個後
市的發展可能性：

1) 調整浪形態發展成雙重之字形態；或

2) 調整浪形態發展成水平三角形的形態。

要留意的是，艾略特在後期著作《自然法則》中，將平坦
形態 a b c 三個浪的子浪結構分為以下層次：

小浪：3 - 3 - 5

中浪：（5-3-5）-（3-3-5）-（5）

大浪：（3）-（3）-（5-3-5-3-5）

其中，大浪是延伸 c 浪的平坦形態。由上面的層次，讀者可留意到延伸 c 浪多在中、長期的形態中出現。（見附圖 3.4）

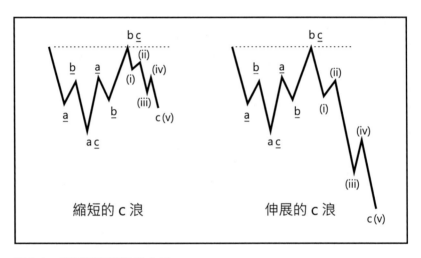

圖 3.4　兩種平坦形態 (3-3-5)

參範例圖 3.4A 及圖 3.4B。

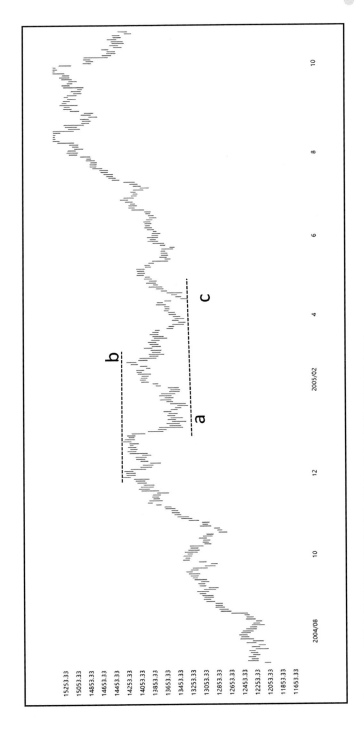

圖 3.4A　恆生指數日線圖平坦調整浪 (2004 年 12 月至 2005 年 4 月)

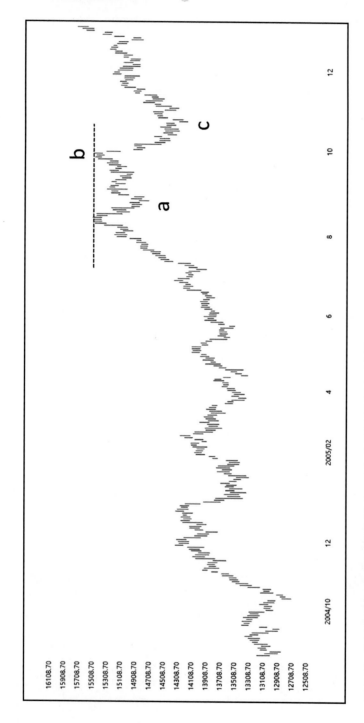

圖 3.4B 恒生指數日線圖平坦調整浪 (2005 年 8 月至 2005 年 10 月)

三、不規則形態

調整浪形態中的不規則形態，其子浪結構與平坦形態一樣，亦即其 a b c 三個浪以 3-3-5 的形式出現。所不同之處在於 b 浪的終點會高於 a 浪的起點；既然不是平坦，自然是不規則了。（見附圖 3.5）

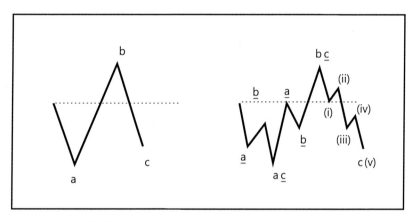

圖 3.5　不規則形態 (3-3-5)

不規則形態反映出市勢強勁，即使是處於調整期，b 浪仍然高於之前的一個高點，維持一浪高於一浪的格局。

b 浪高於 a 浪，在實戰時令人很難分辨出 b 浪是調整浪中的形態，直至 c 浪調整的出現，數浪者必被殺個措手不及。一般而言，a 浪既有三個子浪的出現，很多分析者都會以 b 浪的反彈為新的推動浪，然而，有何方法分辨出 b 浪有別於推動浪呢？

要分辨出 b 浪有別於推動浪其實可以十分簡單，在形態上，b 浪是三個子浪，三個子浪即使突破之前的高點，但多數會很快回落到 a 浪起點之下，畢竟，b 浪始終是一個調整浪。

除此之外，若這個浪出現五個子浪，這亦證明該浪不是 b 浪。

最後的分辨辦法是，若 b 浪完成，c 浪調整開始，c 浪下破 b 浪中的第一個子浪終點，這亦證明該浪不是 b 浪。

當不規則形態的 c 浪出現時，c 浪不同的長度引申出兩種不同的不規則形態：

1）雙重回調（Double Retracement）

2）跑動式調整（Running Correction）

參範例圖 3.5A。

1）雙重回調

談到雙重回調，主要是參考艾略特在 30 年代回顧 1928 至 1932 年美股熊市前後的形態表現。艾略特認為道瓊斯工業平均指數在 1928 年 11 月的高點 299 已是波浪形態中正統的頂部（Orthodox Top），而 1929 年 9 月的最頂部 386.1 是不規則 b 浪的高點，之後，c 浪由 1929 年 9 月至 1932 年 7 月的低位高達九成的跌幅是屬於 c 浪的下跌，這個 c 浪是一個延長的 c 浪（Elongated Wave c），較諸 a 浪及 b 浪的幅度都要長得多。

所謂雙重回調，意思是當 a 浪調整出現時，a 浪是回吐至之前 5 浪延伸浪中的子浪 2，之後，b 浪再創新高，而 b 浪創出新高後，c 浪的調整既深且長，投資者被殺個措手不及。其中，a 浪是第一次回調，而 b 浪是第二次回調。

一般來説，雙重回調出現在推動浪的 5 浪延伸之後，其後的調整浪或出現雙重回調，即 b 浪再創新高；或出現之字形態的急速下滑。再者，何者出現要視乎 a 浪調整能否在 5 浪延伸浪中的子浪 2 的水平上企穩，並出現強力的反彈。

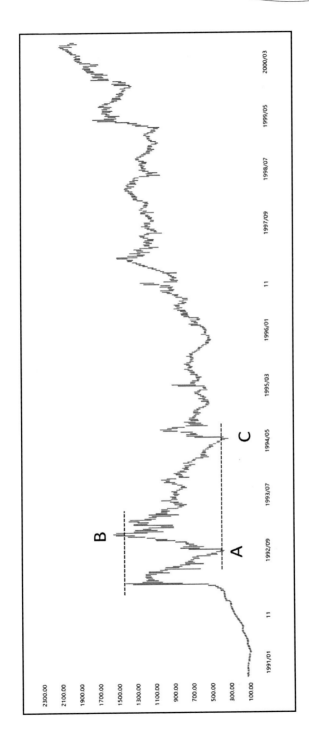

圖 3.5A　上證指數周線圖不規則調整浪 (1992 年 5 月至 1994 年 7 月)

2）跑動式調整

　　跑動式調整，或可稱為「邊跑邊調」，意思是市場趨勢力量極強，出現不規則形態的調整。其中，a 浪短暫調整之後，b 浪即往上突破，其後，c 浪的調整雖然亦會出現，但 c 浪的終點亦不低於 a 浪的起點。調整就此完成，市場又開始另外一個推動浪。驟眼看來，跑動式調整只屬於一個趨勢裡面，一浪高於一浪的形態，一般人多不深究其形態的組成。

　　跑動式調整浪的特別之處是，即使市場有多強，跑動式調整浪仍然會維持 a b c 三個浪以 3-3-5 的形式運行。在辨別跑動式調整浪時，其實亦非十分複雜，a 浪是三個子浪，b 浪雖然已突破 a 浪的起點，但 b 浪的形態必須仍然是三個子浪，到 c 浪的出現，c 浪是五個子浪，而不是一般調整浪中的三個子浪。

　　在實戰之中，調整浪的出現是不容易預先判斷的，一般是跑動式調整浪出現之後，數浪者用以預計其後推動浪出現時的強度。（見附圖 3.6）（參範例圖 3.6A）

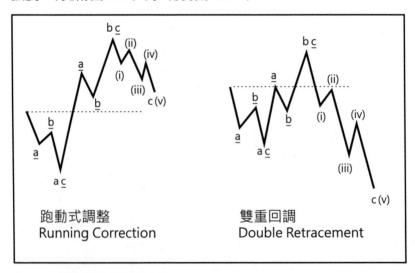

跑動式調整　　　　　　　　　　雙重回調
Running Correction　　　　　　Double Retracement

圖 3.6　　兩種不規則形態 (3-3-5)

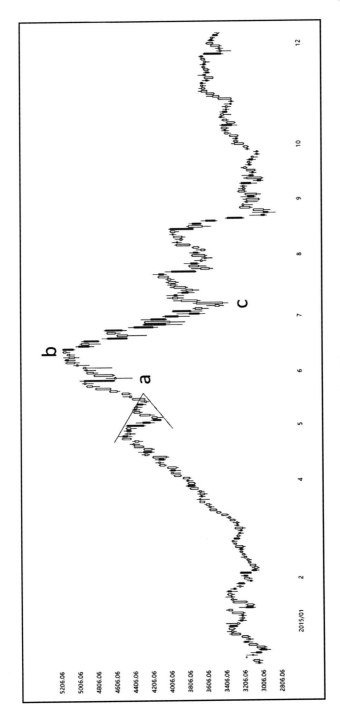

圖 3.6A　上證指數日線圖雙重回調 (2015 年 5 月至 2015 年 7 月)

四、水平三角形

　　水平三角形是調整浪的一個主要形態，有別於其他調整浪的ａｂｃ三個浪，水平三角形的形態是以ａｂｃｄｅ五個子浪運行，而ａｂｃｄｅ五個浪中，是以子浪結構 3-3-3-3-3 的形式出現，亦即每一個子浪都有低一級的ａｂｃ三個子浪。艾略特將 1928 年 11 月道指 299 點開始至 1942 年看為一個長期水平三角形。

　　形態上，水平三角形主要分為收窄三角形及擴張三角形兩大類。收窄三角形是波幅隨時間愈來愈窄，波幅高點及波幅低點一般可用趨勢線加以連接，形成一個圖表上的收窄三角形，直至市價突破三角形上限或下限為止。擴張三角形是波幅隨時間愈來愈闊，波幅高點及波幅低點一般亦可用趨勢線加以連接，形成一個圖表上的擴張三角形，直至ａｂｃｄｅ浪運行完成為止。（見附圖 3.7）

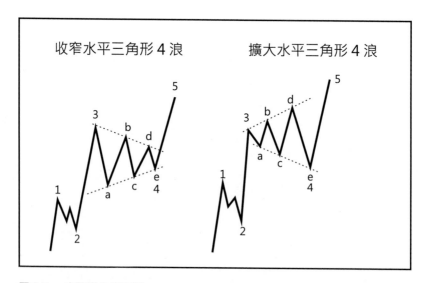

圖 3.7　水平三角形形態

事實上，收窄三角形與水平三角形可各自分為三種不同的變化，這六種變化現列於下：

1）收窄水平三角形

a. 平衡的收窄水平三角形——三角形的上下限各向內傾斜；

b. 上升的收窄水平三角形——三角形的上限線呈現水平線，而三角形的下限線向上傾斜；

c. 下降的收窄水平三角形——三角形的下限線呈現水平線，而三角形的上限線向下傾斜。

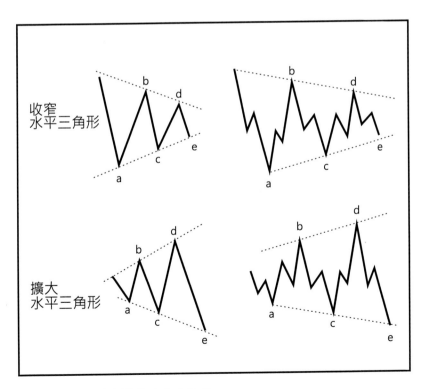

圖 3.8　水平三角形形態 (3-3-3-3-3)

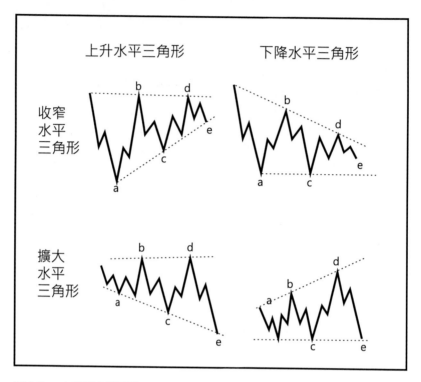

圖 3.9　水平三角形形態

2）擴張水平三角形

a. 平衡的擴張水平三角形──三角形的上下限各向外傾斜；

b. 上升的擴張水平三角形──三角形的上限線呈現水平線，而三角形的下限線向下傾斜。

c. 下降的擴張水平三角形──三角形的下限線呈現水平線，而三角形的上限線向上傾斜。（見附圖 3.8 及 3.9）

形態上，有以下兩種三角形不屬於水平三角形：

1) 上升斜線三角形——三角形上限及下限線均往上傾斜；

2) 下降斜線三角形——三角形上限及下限線均往下傾斜。

為甚麼這些三角形不屬於水平三角形呢？理由十分簡單，按定義水平三角形的中線（即穿越三角尖的水平線）必須處於三角形內，而上述兩種楔形都不能通過上述的測試。在艾略特的《波浪原理》中，他並未有將斜線三角形歸納為水平三角形的一種。

然而，在實際應用時，楔形時會出現於調整浪中，我們應如何數浪呢？主要要留意的是，水平三角形的數浪法是ａｂｃｄｅ，而楔形的數浪是ａｂｃ或 ａｂｃｘａｂｃ（即複式調整浪）。（見附圖 3.10）

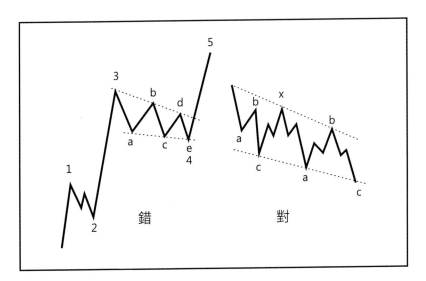

圖 3.10　水平三角形形態

水平三角形的形態除了上述六種變化外，有一些情況下亦會出現複式水平三角形的形態。所謂複式水平三角形的形態，是在水平三角形內的 e 浪中再出現水平三角形，此亦即是說，e 浪會出現低一級的 a b c d e 浪。簡單地說，是水平三角形的形態出現九個浪，即 a b c d e f g h i 浪。

在實戰上，當數浪者數到 e 浪時，基本上已經「暈浪」，複式水平三角形一般要待市勢突破上下限線時，水平三角形才告確認完成。

參範例圖 3.10A，圖 3.10B。

水平三角形的位置

除了水平三角形的形態外，水平三角形的位置亦有較為特別的地方。在波浪理論中，對於調整浪形態出現的位置一般而言並沒有特別的規定，但對於水平三角形的位置則有一番討論。

在艾略特的處女作《波浪原理》中，艾略特認為水平三角形可在 2 浪或 4 浪出現，不過，在其後的著作中，艾略特則認為水平三角形是一個趨勢中最後一個調整浪，例如在推動浪 1 2 3 4 5 浪之中，4 浪有可能是水平三角形，或調整浪 a b c 三個浪中，子浪 b 有機會是水平三角形。艾略特的理由是，若水平三角形出現，表示市場好淡力量已爭持了相當一段時間，若出現突破的話，其後的推動浪將會十分強力而短暫；強力的原因是好友已居上風，但短暫的原因是，淡友將伺機再度出擊，當好友力盡之時，淡友便可扭轉趨勢。

然則，我們應該接受艾略特早期的看法還是後期的看法呢？

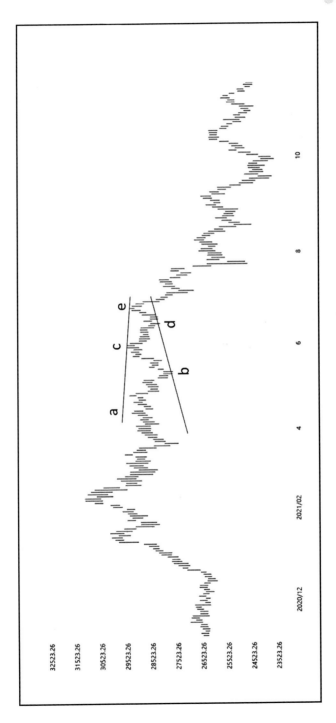

圖 3.10A　恒生指數日線圖收窄水平三角形調整浪 (2021 年 3 月至 2021 年 6 月)

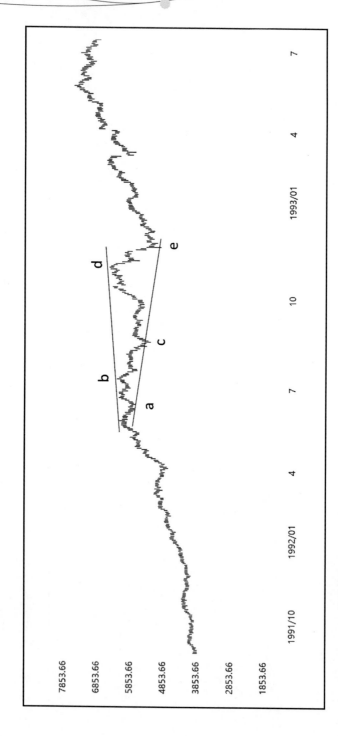

圖 3.10B　恒生指數日線圖線圖擴大水平三角形調整浪 (1992 年 5 月至 1992 年 12 月)

筆者看兩者未必互相衝突，誠然，最終我們要看實際市場是否出現 2 浪水平三角形而定。就筆者經驗，水平三角形在 4 浪出現的機會較多，此亦反映在上述的市場邏輯之上。然而，2 浪亦並非未出現過三角形的形態，此點亦不容否定。

若以形態分析的角度看，三角形的形態既可出現在趨勢之中，亦可出現在轉勢之時，前者是延續市勢形態，後者是扭轉市勢形態。若延續市勢的三角形形態相對於波浪理論的 4 浪或 b 浪，則扭轉市勢的三角形形勢，自然就是 1 浪與 2 浪水平三角形結合出來的三角形轉勢形態。

若依上述看法，將水平三角形應用於 2 浪或 4 浪即可。

然而，若有分析者較接受艾略特後期的看法，而盡量避免將 2 浪數成水平三角形，減少出錯的機會，此亦無可厚非。不過，分析者便需要面對 2 浪出現類似水平三角形形態時的問題，以及如何處理這個形態，因為，此形態中的細浪處理不當，會影響其後推動浪出現時的數浪式。

筆者建議的數浪式，是將水平三角形的 a b c d e 五個子浪看為複式調整浪一般處理，亦即 a b c × a b c。換言之，這個水平三角形由兩組調整浪 a b c 所組成。以下比較兩種數浪式：

水平三角形：（a）-（b）-（c-d-e）

複式調整浪：（a-b-c）-（x）-（a-b-c）

在上述比較中，複式調整浪第一組 a b c 浪相對於水平三角形中的 a 浪，複式調整浪中的 x 浪相對於水平三角形的 b 浪。複式調整浪中第二組 a b c 浪是一組雙重之字形態，子浪結構是 3-3-3，這組雙重之字形態相對於水平三角形的 c d e 三個浪。

若以上述數浪式看，在子浪結構上並無差異，兩者可以互相呼應。（見附圖 3.11）

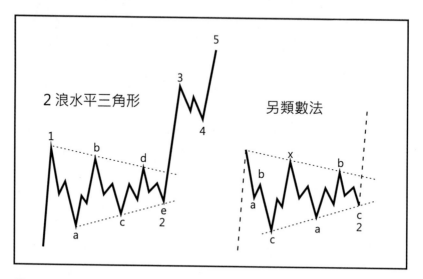

圖 3.11　水平三角形的數浪式

水平三角形後的推算

水平三角形在波浪理論十分重要，因為水平三角形可以幫助數浪者推算水平三角形突破之後，市場可以運行到甚麼水平。

在計算時，我們用水平三角形的 a 浪終點為起始點，量度水平三角形的價位幅度，直至三角形上限或下限線為止，此幅度將成為我們量度水平三角形完成之後的推動浪的最少幅度。

在推算三角形突破後的最少幅度時，我們是由水平三角形 e 浪的終點起計，量度一倍水平三角形的價位幅度為目標價位。

實際上而言，市況可能超越最少的目標幅度，其形態最終要出現推動浪的五個子浪為止。

　　波浪理論推算三角形突破後目標價位的方法，與傳統形態分析的三角形突破方法有所不同。在傳統的方法中，三角形的價位幅度是由三角形的起點計算，換言之，即 a 浪的起點而非終點，而計算目標價位時，量度的起點是由市價突破三角形上限或下限線的價位起計，而非波浪理論的由 e 浪終點起計。（見附圖 3.12）

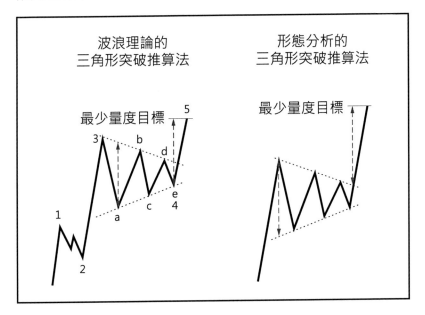

圖 3.12　水平三角形推算式

　　上述兩種計算的方法迥異，但究竟哪個方法較準確呢？

　　講授波浪理論，當然以波浪理論的方法為主，在實戰上，兩種方法都應計算，較保守的價位水平實現預測的機會應愈大。

　　另一個有關水平三角形的問題是，在水平三角形出現之後，市場會有最後一個推動浪的出現，但推動浪的出現是長還是短呢？這個最後出現的推動浪會否出現延伸浪呢？

按照水平三角形的理論，三角形突破後的推動浪應是強而短，亦即是説，其後出現延伸浪的機會十分微。

然而，機會微並不表示沒有機會，波浪理論並未有界定水平三角形突破之後不可以有延伸浪，事實上筆者亦曾經驗過。

五、雙重三

雙重三或二重三複式調整浪形態，是兩種複式調整浪形態的其中一種。所謂雙重三形態，意即由兩組簡單調整浪形態所組成，其中由另一個調整浪 x 浪加以串連。若這兩組調整浪皆為 a b c 三個子浪的話，則雙重三的子浪結構將會是 a b c x a b c。（見附圖3.13）

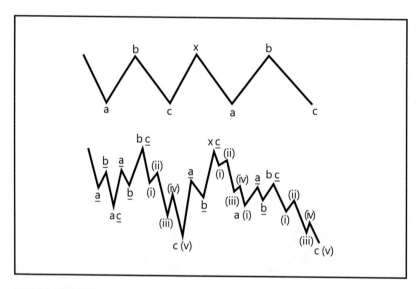

圖 3.13　雙重三

在複式調整浪之中，一般而言會出現數浪規則所出現的交替現象，即第一組 a b c 浪與第二組 a b c 浪以不同的簡單調整浪形態出現，意思為：若第一組 a b c 浪是平坦形態的話，第二組 a b c 浪就是以之字形態出現。理論上，雙重三可以有以下的排列形式：

1) 之字形態 —— x 浪 —— 平坦形態

2) 之字形態 —— x 浪 —— 不規則形態

3) 之字形態 —— x 浪 —— 水平三角形形態

4) 平坦形態 —— x 浪 —— 之字形態

5) 平坦形態 —— x 浪 —— 不規則形態

6) 平坦形態 —— x 浪 —— 水平三角形形態

7) 不規則形態 —— x 浪 —— 之字形態

8) 不規則形態 —— x 浪 —— 平坦形態

9) 不規則形態 —— x 浪 —— 水平三角形形態

要留意的是，水平三角形不應是第一組簡單調整浪，因為水平三角形應為趨勢中最後第二組浪。

雙重三形態有時可以數作雙重之字形，其結構的比較如下：

雙重三：（a-b-c）-（x）-（a-b-c）

雙重之字形：（a）-（b）-（c）

上面兩者不同之處是，雙重三有兩組不同的簡單調整浪，而雙重之字形態則是有兩組一樣的之字形態的調整浪。

（參圖 3.13A）

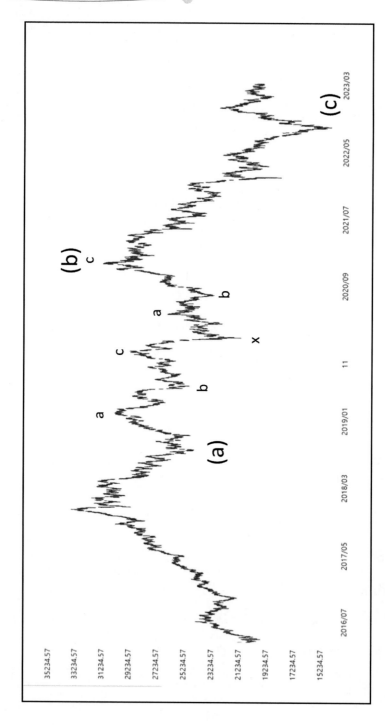

圖 3.13A　恒生指數日線圖二重三調整浪 (2018 年 10 月至 2021 年 2 月)

六、三重三

三重三形態是第二種複式調整浪形態，亦是較極端及少見的一種形態。此形態由三組簡單調整浪所組成，其組成的方法亦與雙重三形態一樣，在三組簡單調整浪之中，由 x 浪在中間串連而成，簡單而言，這三組調整浪組合而成的複式調整浪可寫成以下結構：

a b c x a b c x a b c

在三重三形態中，這些結構亦存在交替規則，其中可能有三組不同的簡單調整浪，亦有可能只有兩組不同的簡單調整浪而已，綜合來說，組合數量甚多。（見附圖 3.14）

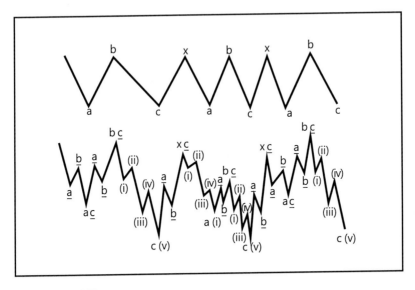

圖 3.14　三重三

三重三形態是反映市場的長期盤整的情況，分析者未必能夠預先洞見三重三形態的出現。

在處理複式調整浪時，這些複式浪往往是數浪者未能有效作出後市發展的預測的原因。一般而言，分析者都會以簡單數浪式為主，除非複式調整浪的第二組 a b c 浪已出現，否則亦不會輕易選用複式調整浪為首選的數浪式。

在筆者的經驗中，一般來説，在日線圖以上的中、長期圖表上，簡單數浪式足以應付大部分的情況。至於日線圖及小時圖上，複式浪則較常出現。（參圖 3.14A ）

推動浪與調整浪之間的共通形態

在第二章討論推動浪的形態時，筆者主要討論了三種推動浪的形態，包括：

一、延伸浪

二、斜線三角形

三、失敗 5 浪

事實上，上述三種形態在某種程度上亦會在調整浪之中發生。

延伸浪方面，在推動浪中發生於 1 浪、3 浪或 5 浪；在調整浪方面則發生於 c 浪之中，所謂延長的 c 浪 (Elongated Wave c)。不過，在調整浪中，並沒有所謂延長的 a 浪。

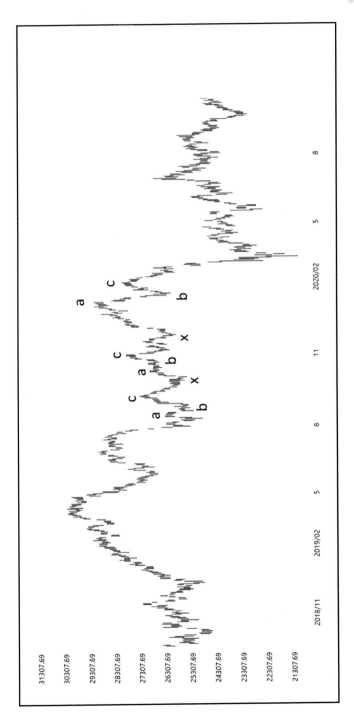

圖 3.14A　恒生指數日線圖三重三調整浪 (2019 年 8 月至 2020 年 2 月)

斜線三角形方面，在推動浪中發生於 1 浪及 / 或 5 浪；在調整浪方面，則發生於 a 浪及 c 浪。就子浪結構方面，其形式亦一樣：

1 浪或 a 浪：3-5-5-3-5

5 浪或 c 浪：3-3-3-3-3（見附圖 3.15）

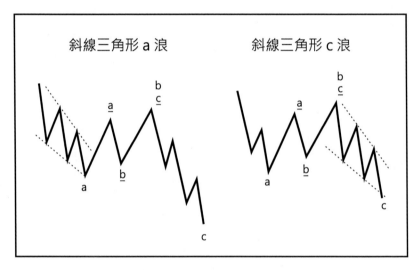

圖 3.15　斜線三角形的調整浪

至於失敗浪方面，在推動浪中發生在 5 浪，其中 5 浪頂不高於 3 浪頂，即無法創出新高，在調整浪中失敗浪是發生在 c 浪，其中 c 浪無法下破 a 浪的底部。

由上面來看，c 浪的變化甚大。以 a 浪為參考點，b 浪可升破 a 浪的起點，而 b 浪亦可下破 a 浪的底部。相反而言，b 浪可以低於 a 浪的起點，而 c 浪底部亦未必會下破 a 浪的底部。圖表上，上面可形成類似三角形的形態，前者是擴大的三角形，

而後者是收窄的三角形。然而，要留意的是，若 c 浪五個子浪的話，則調整浪已經完成，數浪者不應預期水平三角形的 d 浪及 e 浪的水平。上述原因十分簡單，水平三角形的 c 浪是三個子浪，而非五個子浪。

另外，水平三角形除了在 4 浪發生外，亦可以在 b 浪發生，既可以是收窄水平三角形；亦可以是擴大水平三角形。（見附圖 3.16）

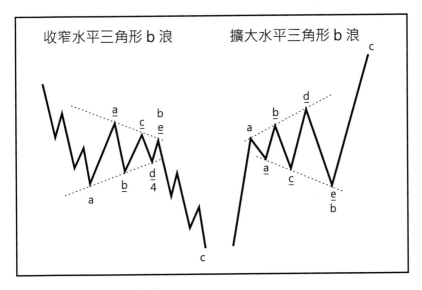

圖 3.16　水平三角形的調整浪

在複式調整浪之中，有兩種主要形態：

一、雙重三

二、三重三

前者是由兩組簡單調整浪所組成，後者是由三組簡單調整浪所組成。

雙重三及三重三這兩種形態在艾略特《波浪原理》的最初原稿中都不曾出現，可以説，這兩種複式調整浪都屬於波浪理論發展到後期的產物，艾略特在 1946 年的《自然法則》一書才正式提出「雙重三」及「三重三」的複式形態。

複式調整浪形態主要反映市場出現長期盤整後的主要現象，這些現象或是橫向整固的調整，相對於形態分析的長方形形態；或是持續向上或向下調整，其中浪與浪之間在價位上互相重疊的情況。

在艾略特的術語中，雙重三是七個浪，三重三是十一個浪。在此之上，再沒有「四重三」或「五重三」等等。

第四章

艾略特通道數浪法

　　艾略特波浪理論所描述的市場趨勢極之簡單，以五個浪數完一個上升趨勢，以三個浪數完一個調整過程。上述理論架構看似簡單，但在實際應用時卻往往人見人殊，兩個人數出五、六種數浪式不足為奇，這對於市場分析及投資決策顯然不利。

　　事實上，艾略特應用了一種簡單的通道數浪法，有助分析者在相對明確的規則下辨認五個浪的發展，此種數浪輔助方法名為「艾略特通道」（Elliott Channelling）。

　　艾略特通道數浪法的前提是，推動浪的五個浪大致上依循一條平衡通道而行，分析者依此通道數浪，自然能夠更有效地判斷五個浪的發展過程。

　　以下依據通道數浪法則作一示範。

推動浪

推動浪第 1 浪開始時，市勢並無其他依據，無法製作通道。

第 2 浪調整出現時，調整的深度亦未知，因此亦無法製作出通道。（見附圖 4.1）

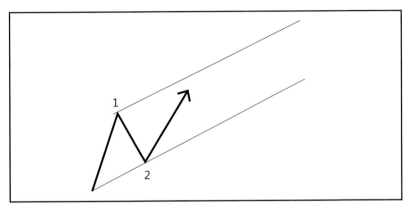

圖 4.1　艾略特通道數浪法

第 3 浪開始後，向上突破 1 浪高點，市場的趨勢開始形成。

依照通道法，將 1 浪起始點以直線連接 2 浪終點，並將直線延伸至將來。在 1 浪頂製作另一條平衡線，並由 1 浪頂向將來延伸。製作這條平衡通道完成後，我們可以用通道頂為預期 3 浪的上升阻力位。（見附圖 4.2）

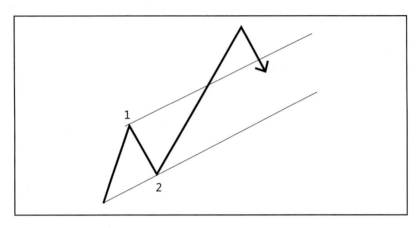

圖 4.2　艾略特通道數浪法

　　一般而言，3 浪的動力強勁，很多時候會升越通道頂。待 3
浪到達高點回落時，我們可以進一步修正這條通道。（見附圖 4.3）

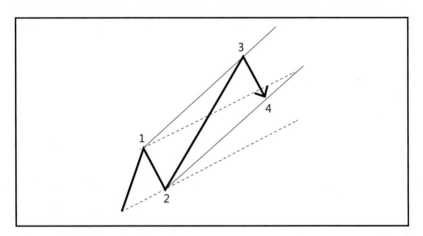

圖 4.3　艾略特通道數浪法

　　這次，我們以 1 浪頂與 3 浪頂連成一條直線，並向上延伸。
此外，製作另一條平衡線由 2 浪底部開始向未來延伸。這一條
新通道的底部將成為我們預期 4 浪支持的根據。

很多時間，4 浪會未到通道底或跌穿通道底後才回升，並開始 5 浪的上升。

這條通道頂此時成為 5 浪阻力位的重要參照點。與 4 浪之於通道底的情況一樣，有時 5 浪未到通道頂而回落，有時 5 浪稍為突破通道頂而回落，此稱為拋出的 5 浪（Throw-over）。（見附圖 4.4 ）

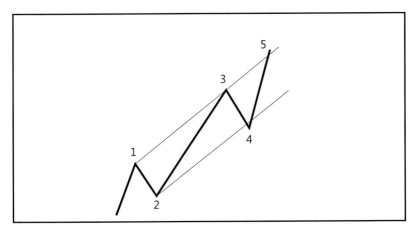

圖 4.4　艾略特通道數浪法

讀者或會問，這條通道有時未到位，有時又「拋出」，那麼通道的意義在哪裡呢？

一如前述，波浪理論最重要的是波浪形態的運行，一個趨勢或調整的完成與否，只判別於這些趨勢中的波浪是否完成而已，所謂支持或阻力位對於數浪者而言僅屬於次要。不過，**艾略特通道給予我們的作用，就是給予我們在高層次上市勢高點或低點的大概水平的所在，至於精細的價位，則有待波浪形態的展現才予以確認。**

在較高的層次上，我們看一組五個浪的上升，其實只屬於高一級波浪的（1）浪而已，其後將出現（2）浪的調整。如是者，我們又可以根據（1）浪及（2）浪的情況製作出一組新的上升通道。

以一條平衡線連接（1）浪起點及（2）浪終點，我們製作了第一條通道底線，再在（1）浪頂部再製作一條通道頂線，從而完成第一條通道。利用這條通道，我們可以在高一個層次上估計（3）浪的上升阻力水平。（見附圖 4.5）

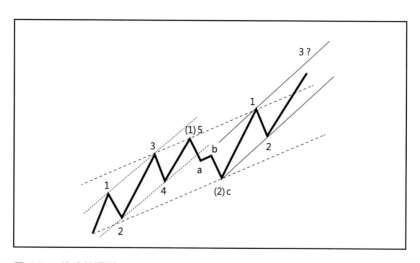

圖 4.5　艾略特通道

在（3）浪的上升之中，其實我們亦可以在（3）浪中五個子浪上應用艾略特通道，以推斷（3）浪的運行形式，及利用這條通道以預計（3）浪的終點。（見附圖 4.6）

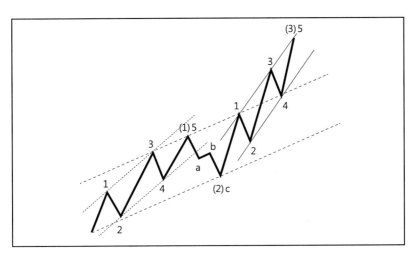

圖 4.6　艾略特通道

　　當（3）浪完成後，我們要修改這條高層次的通道，將（1）浪頂與（3）浪頂連接，並以這條直線製作一條平衡線於（2）浪底，從而估計（4）浪底的水平。（見附圖 4.7）

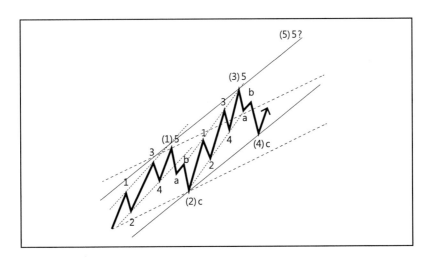

圖 4.7　艾略特通道

最後，（4）浪底出現並展開（5）浪上升時，我們亦以相同通道方法追蹤（5）浪的軌跡。值得我們留意的是，（5）浪中的子浪本身亦依循艾略特通道，最終，（5）浪的 5 浪會在大通道與小通道之滙合點出現，從而完成整個推動浪的進程。（見附圖4.8）

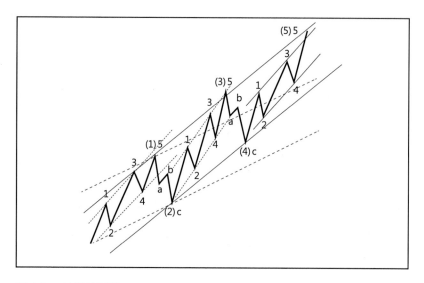

圖 4.8　艾略特通道

在應用艾略特通道時，分析者要特別留意的是，5 浪有可能出現延伸浪，向上衝破多重通道頂，上達未曾到過的價位，這將是同一級艾略特通道所難以預測的地方。不過，若以更高層次的波浪來看，（5）浪延伸往往又可以在高一級的艾略特通道上清楚看到。

在實際應用時，若延伸浪已在（1）浪或（3）浪出現，則（5）浪延伸的可能便會減少。在判斷（5）浪會否出現延伸時，可考慮以下點：

1) 若(1)浪延伸,(3)浪長度比(1)浪為短,則(5)浪延伸的機會是零,因為根據數浪規則,(3)浪不可以短於(1)浪及(5)浪。

2) 若(1)浪出現,(3)浪比(1)浪長,並明顯見到(3)浪延伸的子浪,則(5)浪延伸的機會較少,但並不表示不會發生。若(1)浪出現,(3)浪比(1)浪長,但幅度接近,而(3)浪的子浪不明顯,則(5)浪延伸的機會甚大。

3) 若(3)浪比(1)浪長,或(5)浪比(3)浪短,(5)浪轉眼已下破通道下限線,則確認(5)浪沒有出現延伸浪。

調整浪

艾略特通道主要用於推動浪的分析之上,不過,上述通道的分析法其實亦同樣適用於調整浪之中。

若我們見到市況在上升通道頂附近見頂回落,第一點要觀察的就是調整浪的(a)浪下破上升通道底線,一旦下破,即確認上升調整正式出現。

由此我們可以估計調整浪運行的模式。若此次調整是一個之字形態的(a)(b)(c)三個浪的話,其(a)浪亦可以用通道法追蹤。我們將第一個頂與其後反彈的第二個頂連接而成直線,並以其平衡線應用於子浪1的底部,我們可以製作出一條下降平衡通道,以判斷(a)浪的子浪5的底部。(見附圖4.9)

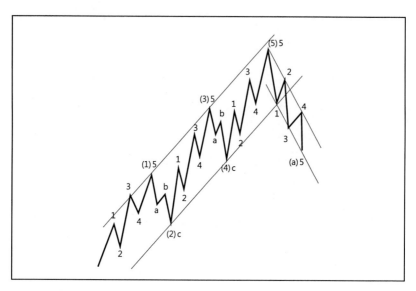

圖 4.9　艾略特通道

　　之後，（b）浪的反彈，我們亦可以（b）浪的起點，其後子浪 b 的終點連一直線，用平衡通道方法估計子浪 c 的反彈高點。（見附圖 4.10）

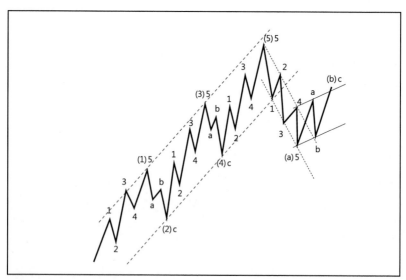

圖 4.10　艾略特通道

到 (c) 浪的下跌出現，我們又可以用 (c) 浪起點及子浪 2 的反彈高點製作直線，再以此線的平衡線設於子浪 1 底部，從而推斷其後子浪 3 及子浪 5 的位置。(見附圖 4.11)

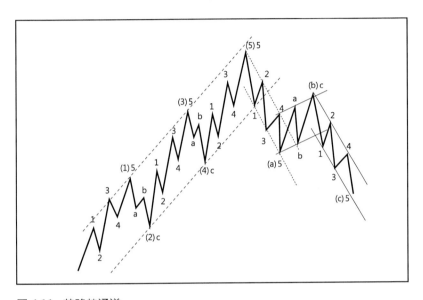

圖 4.11　艾略特通道

在高一個層次上，我們亦可以用 (a) 浪的起點及 (b) 浪的反彈終點連成一直線，並以其平衡線設於 (a) 浪的底部向下延伸，從而推斷 (c) 浪的浪底所在。

配合高一層次及低一層次的通道法，我們可以較準確地推斷 (c) 浪調整浪的終點之所在。

圖表的格式

在應用艾略特通道的時候，一般而言我們會應用等距的價位尺度（Arithmetic Scale）作為中、短期圖表走勢分析的基礎，不過，對於長期的圖表走勢而言，等距價位尺度明顯不能有效反映低價時期的圖表走勢，這對於長期波浪形態的分析產生一定的難度。是故，對於長期的走勢而言，一般波浪分析家會選用半對數圖（Semi-log Scale）作為分析之用，而半對數圖對於艾略特通道的分析特別有應用的價值。

半對數圖表的應用

對於長線走勢，半對數尺度（Semi-Logarithmic Scale）較為有用。在半對數圖中，價位尺度是按比例增加的。在一般圖表上，10 元上升至 20 元與 20 元至上升至 30 元的垂直距離是一樣的，兩者都是 10 元的垂直距離。然而在半對數圖上，圖表的上升是按百分比的，10 元上升至 20 元是上升 100%，但 20 元上升至 30 元只上升 50%；在半對數圖上，20 元至 30 元的垂直尺度所佔的幅度是少於 10 元至 20 元的垂直尺度。換句話說，20 元上升至 40 元（+100%）所佔的垂直尺度才與 10 元上升至 20 元（+100%）所佔的尺度一樣。

實例一：香港恒生指數的艾略特通道分析

從長期的走勢來看，香港恒生指數（恒指）由 1967 年低位開始計算，其中出現過多次升跌的大周期，若以半對數圖分析恒指的月線走勢，我們大致上可以看出一條明顯的上升通道。（見附圖 4.12A）。經半對數圖細分波浪結構，正常月線圖的數浪式見圖 4.12B。

若我們看 1969 年之前至 1973 年 3 月高點 1775 為大浪①（見圖 4.13A），其後跌至 1974 年 12 月低點 150 為大浪②，則由 1974 年低點起步的升浪將為大浪③，而大浪④在艾略特通道內形成了大熊市。

依艾略特通道來看，大浪③可分為五個低一級中浪至 1994 年 1 月見頂。大浪④以水平三角形運行至 2003 年 4 月低位。（見附圖 4.13B）

大浪⑤亦可分為五個低一級大浪，至 2007 年 11 月見頂。（見附圖 4.13C）

周期浪 I 見頂後，恒指進入十多年的調整周期浪 II 的ⓐⓑ ⓒ，其中大浪ⓑ亦沿上升通道而走，而大浪ⓒ則沿下降通道而走。（見附圖 4.13D）

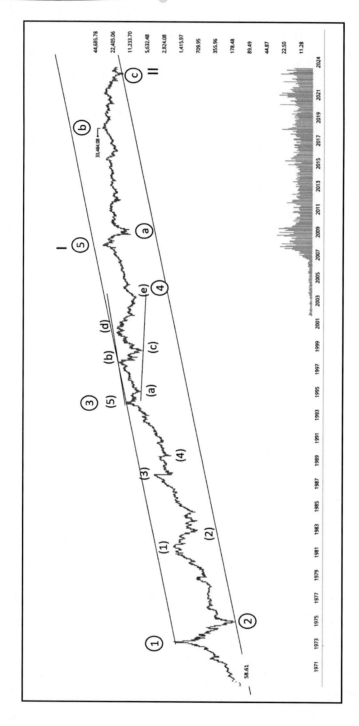

圖 4.12A　恒生指數月線圖半對數圖艾略特通道長期數期浪式 (1967 年 8 年低位 58.61 至 2023 年 6 月)

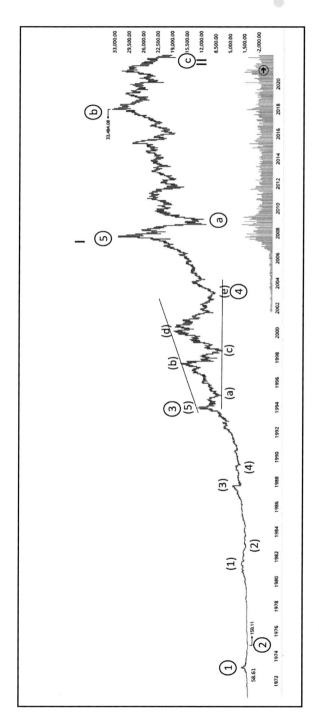

圖 4.12B 香港恒生指數月線圖長期數浪式 (1967 年 8 年低位 58.61 至 2023 年 6 月)

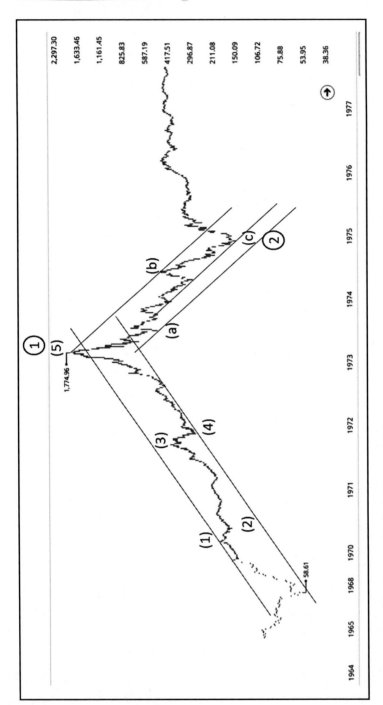

圖 4.13A　恒生指數月線半對數圖艾略特通道巨浪 (1)(2) 數浪式 (1967 年 8 月至 1974 年 12 月)

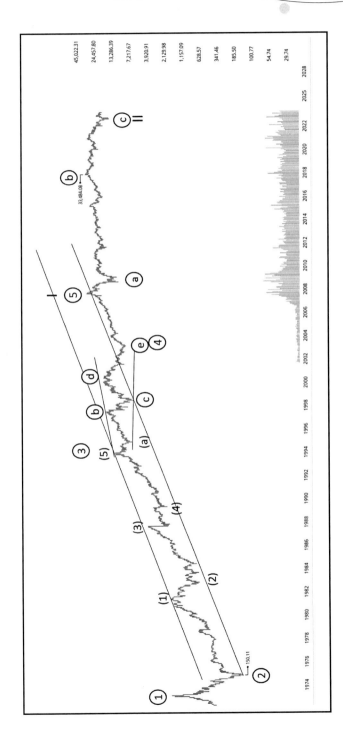

圖 4.13B　恒生指數月線半對數圖艾略特通道巨浪 (3)(4) 數浪式 (1967 年 8 月至 2003 年 4 月)

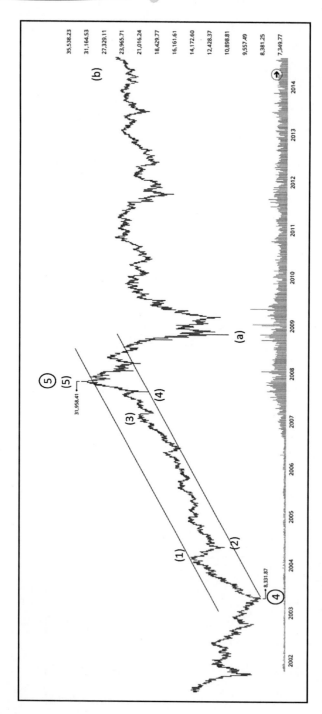

圖 4.13C 恒生指數周線半對數綫半略艾略特通道巨浪 (5) 數浪式 (2003 年 4 月至 2007 年 11 月)

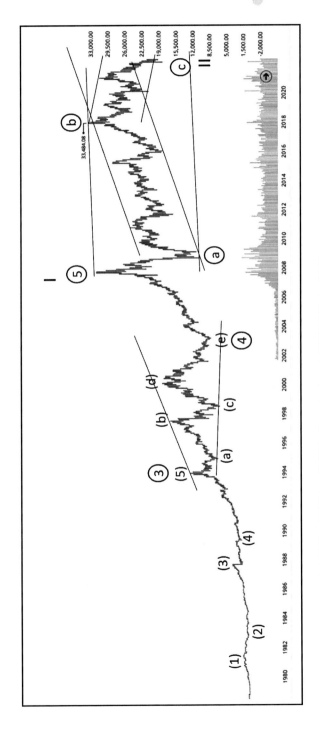

圖 4.13D　恒生指數月線半對數圖超級浪 II 的數浪式 (2007 年 11 月至 2023 年 6 月)

恒生指數由 1967 年 8 月低位開始，展開 5 個推動浪，至 2007 年 11 月高位 31958.41 見浪頂。 從高一級的周期浪來看，這個 2007 年的頂，是第一個周期浪 I。自 2007 年以來的 16 年熊市，是不規則調整浪的第二個周期調整浪。

當 C 浪完結後，恒生指數將進入第三個上升周期推動浪 III，最終會升破 2007 年 11 月的高點 31958.41 及 2018 年 1 月的高點 33484.08。

中國股市周期浪

中國上海證券綜合指數由 1991 年 5 月低位開始，展開 5 個推動浪，至 2007 年 10 月高位 6124.04 見浪頂。

從高一級的浪來看，這個 2007 年的頂，是第一個周期浪浪。自 2007 年以來的 16 年熊市，是水平三角形的第二個周期調整浪。

當三角形的 e 浪完結後，上證指數將進入第三個上升周期推動浪，最終會升破 2007 年 10 月的高點 6124.04。

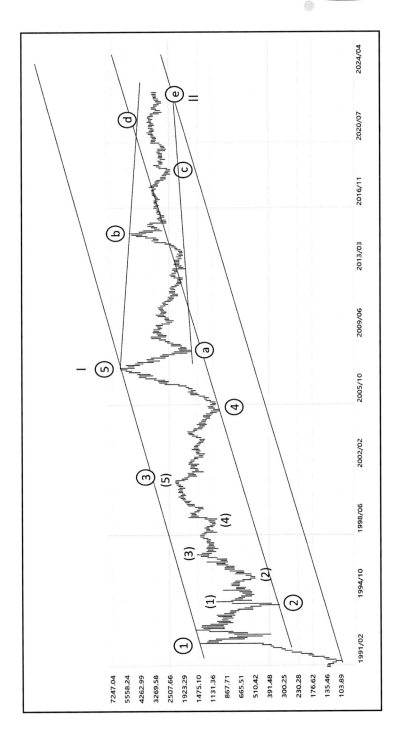

圖 4-14A　上證指數月線半對數圖數浪式 (1991 年 5 月至 2023 年 6 月)

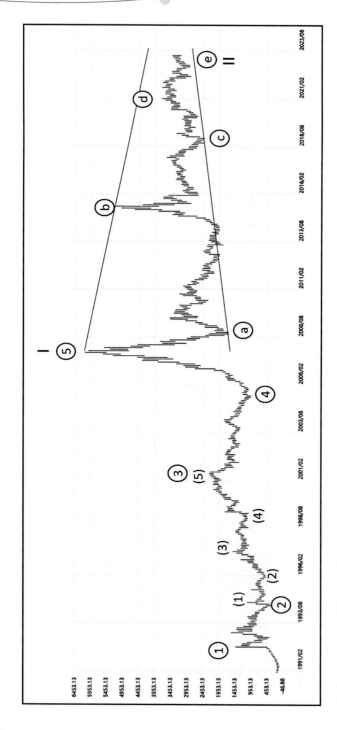

圖 4.14B　上證指數月線圖巨浪數浪式 (1991 年 5 月至 2023 年 6 月)

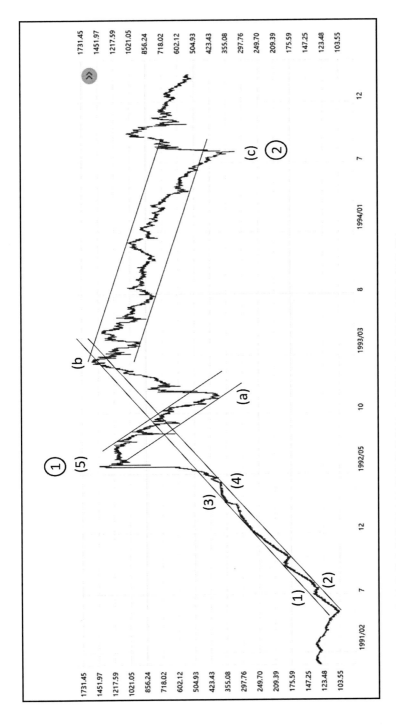

圖 4.14C　上證指數日線半對數圖大浪①及②的數浪式 (1991 年 5 月至 1994 年 7 月)

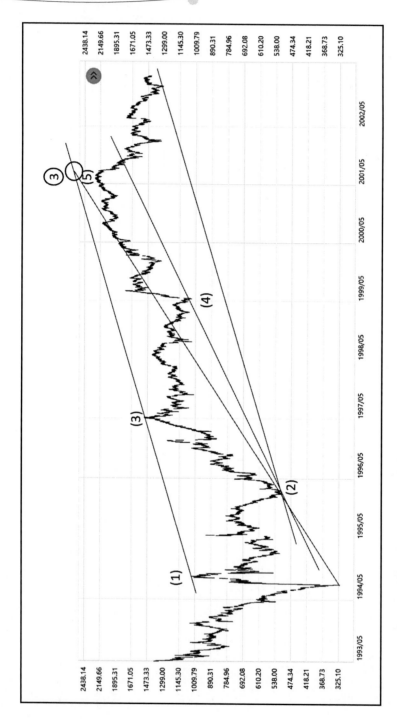

圖 4.14D　上證指數日線半對數圖大浪③的數浪式 (1994 年 7 月至 2001 年 6 月)

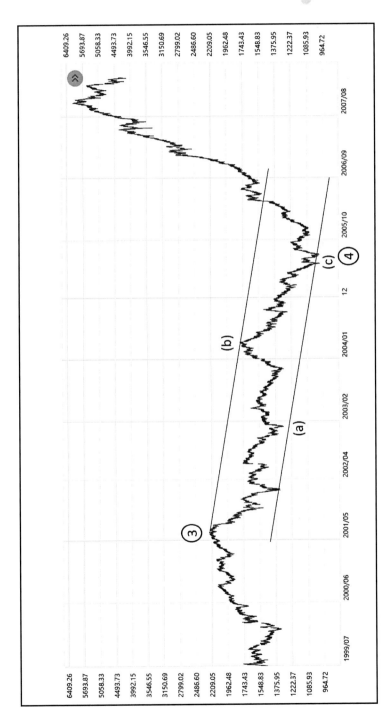

圖 4.14E　上證指數日線半對數圖大浪④的數浪式 (2001 年 6 月至 2005 年 7 月)

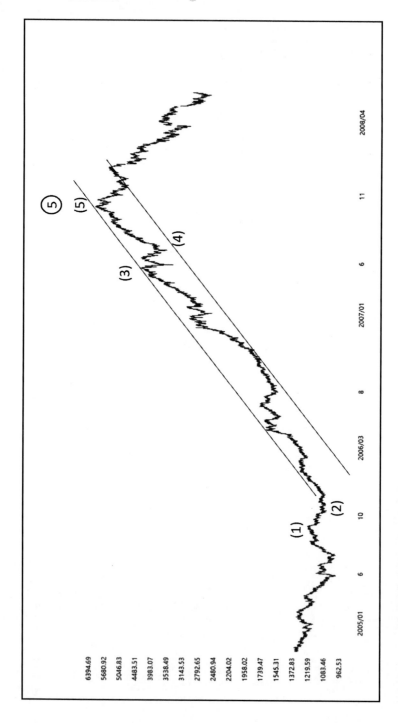

圖 4.14F　上證指數日線半對數圖大浪⑤的數浪式 (2005 年 7 月至 2007 年 10 月)

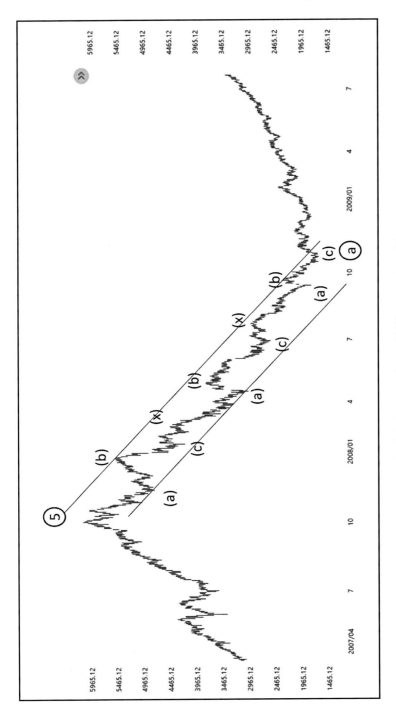

圖 4.14G　上證指數日線半對數（圖調整浪 A 的數浪式（2007 年 10 月至 2008 年 11 月）

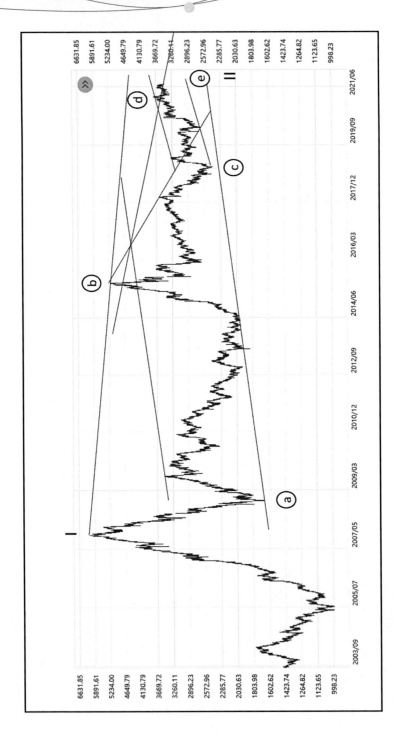

圖 4.14H　上證指數日線半對數圖水平三角形調整浪 A,B,C,D,E 的數浪式 (2007 年 10 月至 2008 年 11 月)

第五章

價位與周期的推算

波浪理論的分析以圖表形態為主，在艾略特的《波浪原理》之中，艾略特只注重市場圖表形態，其他都屬於次要。不過，到了 1946 年《自然法則》一書出版時，艾略特顯然花了很多的篇幅討論波浪理論的理論基礎，並將波浪理論與自然法則相提並論。艾略特特別應用費波納茨數字序列（Fibonacci Number Series）以解釋波浪理論的原理。按艾略特的看法，大自然存在的費波納茨（簡稱「費氏」）數字及其比率，是波浪理論的理論基礎，而每一組的波浪之間，其實亦存在著微妙的費氏數字及比率的關係。在實際分析時，其實我們可以應用上述比率於具體的價位及時間周期的預測之上。

對於費氏數字及比率在市場分析方面的應用，筆者拙作《螺旋規律》一書已有充分的討論。以下筆者簡略勾劃其理論的要點，之後再討論在波浪理論方面的配合應用。

費波納茨數字及其比率

中國《道德經》四十二章謂：「道生一，一生二，二生三，三生萬物。」基督教的新約聖經《約翰福音》第一章謂：「太初有道，道與神同在，道就是神。」中西文化都確認一件事：萬物起源於「道」。道衍生出萬物是依循一定的數學定律，中世紀一名基督教的教士費波納茨（Fibonacci）研究出一系列數字繁衍的方法，這數字序列亦稱為費波納茨（費氏）數字序列。

此數字序列以 1 為起始點，1 加上 1 得 2，2 加上之前一個數字 1 得 3，3 加上之前的 2 得 5，5 加上之前的 3 得 8，如此類推，無窮無盡，該數列如下：

1、1、2、3、5、8、13、21、34、55、89、144、233、377……（見附表 5.1）

1		1
1		1
2	$1 + 1 =$	2
3	$1 + 2 =$	3
5	$2 + 3 =$	5
8	$3 + 5 =$	8
13	$5 + 8 =$	13
21	$8 + 13 =$	21
34	$13 + 21$	34
55	$21 + 34 =$	55
89	$34 + 55 =$	89
144	$55 + 89 =$	144

表 5.1　費波納茨數字序列 (Fibonacci Number Series)

　　艾略特在《自然法則》之中，多次以費波納茨數字序列數算市場牛熊交替的時間周期，例如 1928 年 11 月至 1942 年的美股大型水平三角形調整期，艾略特數算為 13 年的調整。13 是一個費波納茨數字。

黃金比率

在費氏數列之中，其實我們可以分析數列演化的軌迹，其中數字與數字之間的比率大有學問。

若我們將費氏數列的數字中前者除以後者，我們會發現數字間的比率會滙聚在另一個比率上，此比率為 61.8% 或 0.618。

若我們將費氏數列的數字中後者除以前者，我們會發現數字間的比率會滙聚在另一個比率上，此比率為161.8%或1.618。

後者我們稱為神聖的比率（Divine Ratio）或黃金比率（Golden Ratio）。（見附表 5.2）

	$F(n) \div F(n+1) =$	$F(n+1) \div F(n) =$
1		
1		
2	$1 \div 1 = 1.0000$	$1 \div 1 = 1.0000$
3	$1 \div 2 = 0.5000$	$2 \div 1 = 2.0000$
5	$2 \div 3 = 0.6667$	$3 \div 2 = 1.5000$
8	$3 \div 5 = 0.6000$	$5 \div 3 = 1.6667$
13	$5 \div 8 = 0.6250$	$8 \div 5 = 1.6000$
21	$8 \div 13 = 0.6154$	$13 \div 8 = 1.6250$
34	$13 \div 21 = 0.6190$	$21 \div 13 = 1.6154$
55	$21 \div 34 = 0.6176$	$34 \div 21 = 1.6190$
89	$34 \div 55 = 0.6182$	$55 \div 34 = 1.6176$
144	$55 \div 89 = 0.6180$	$89 \div 55 = 1.6182$

表 5.2　黃金比率 (Golden Ratio)

　　若我們將費氏數列的數字中前者除以後二者,我們會發現數字之間的比率會滙聚在一個比率上,此比率為 38.2% 或 0.382。

　　若我們反轉過來,將費氏數列的數字中前後者除以前二者,我們會發現數字之間的比率會滙聚在另一個比率上,此比率為 261.8% 或 2.618。(見附表 5.3)

	F(n) ÷ F(n+2) =	F(n+2) ÷ F(n) =
1		
1		
2	1 ÷ 2 = 0.5000	2 ÷ 1 = 2.0000
3	1 ÷ 3 = 0.3333	3 ÷ 1 = 3.0000
5	2 ÷ 5 = 0.4000	5 ÷ 2 = 2.5000
8	3 ÷ 8 = 0.3750	8 ÷ 3 = 2.6667
13	5 ÷ 13 = 0.3846	13 ÷ 5 = 2.6000
21	8 ÷ 21 = 0.3810	21 ÷ 8 = 2.6250
34	13 ÷ 34 = 0.3824	34 ÷ 13 = 2.6154
55	21 ÷ 55 = 0.3818	55 ÷ 21 = 2.6190
89	34 ÷ 89 = 0.3820	89 ÷ 34 = 2.6176
144	55 ÷ 144 = 0.3819	144 ÷ 55 = 2.6182

表 5.3　費氏數列及其比率

如是者：

將數字中前者除以後三者，我們會發現滙聚的比率在 23.6% 或 0.236。

將數字中後者除以前三者，我們會發現滙聚的比率在 423.6% 或 4.236。

將數字中前者除以後四者，我們會發現滙聚的比率在 14.6% 或 0.146。

將數字中後者除以前四者，我們會發現滙聚的比率在 685.7% 或 6.857。（見附表 5.4）

	$F(n) \div F(n+4) =$	$F(n+4) \div F(n) =$
1		
1		
2		
3		
5	$1 \div 5 = 0.2000$	$5 \div 1 = 5.0000$
8	$1 \div 8 = 0.1250$	$8 \div 1 = 8.0000$
13	$2 \div 13 = 0.1538$	$13 \div 2 = 6.5000$
21	$3 \div 21 = 0.1429$	$21 \div 3 = 7.0000$
34	$5 \div 34 = 0.1471$	$34 \div 5 = 6.8000$
55	$8 \div 55 = 0.1455$	$55 \div 8 = 6.8750$
89	$13 \div 89 = 0.1461$	$89 \div 13 = 6.8462$
144	$21 \div 144 = 0.1458$	$144 \div 21 = 6.8571$

表 5.4　費氏數列及其比率

如此類推，我們可以得到一個費氏比率的數字表如下。（見附表 5.5）

	1	2	3	5	8	13	21	34	55	89	144
1	1.000	2.000	3.000	5.000	8.000	13.000	21.000	34.000	55.000	89.000	144.000
2	0.500	1.000	1.500	2.500	4.000	6.500	10.500	17.000	27.500	44.500	72.000
3	0.333	0.667	1.000	1.667	2.667	4.333	7.000	11.333	18.333	29.667	48.000
5	0.200	0.400	0.600	1.000	1.600	2.600	4.200	6.800	11.000	17.800	28.800
8	0.125	0.250	0.375	0.625	1.000	1.625	2.625	4.250	6.875	11.125	18.000
13	0.077	0.154	0.231	0.385	0.615	1.000	1.615	2.615	4.231	6.846	11.077
21	0.048	0.095	0.143	0.238	0.381	0.619	1.000	1.619	2.619	4.238	6.857
34	0.029	0.059	0.088	0.147	0.235	0.382	0.618	1.000	1.618	2.618	4.236
55	0.018	0.036	0.055	0.091	0.145	0.236	0.382	0.618	1.000	1.618	2.618
89	0.011	0.022	0.034	0.056	0.090	0.146	0.236	0.382	0.618	1.000	1.618
144	0.007	0.014	0.021	0.035	0.056	0.090	0.146	0.236	0.382	0.618	1.000

表 5.5 費氏數列及其比率

比率的應用

如大自然的繁衍及枯萎周期一樣，上述的費氏比率亦應用於市場的回吐與延伸的活動之中。

在市場的調整或回吐時，我們特別留意以下比率：

0.146

0.236

0.333

0.382

0.5

0.618

0.666

0.764

0.854

0.909

1

在上述回吐比率中，最重要的是 0.618。

在市場的擴張或延伸時，我們特別留意以下比率：

1.146

1.236

1.333

1.382

1.5

1.618

1.666

1.764

1.854

1.909

2

2.236

2.618

3

3.5

4

4.236

4.618

在上面擴張的比率中，最重要的是 1.618、2.236、2.618 及 4.236。（見附表 5.6）

回吐比率	延伸比率			
0.236	1.236	2.236		4.236
0.333	1.333			
0.382	1.382			
0.5	1.5	2.5	3.5	
0.618	1.618	2.618		4.618
0.666	1.666			
0.764	1.764			
1	2	3	4	

表 5.6 費氏數列及其比率及延伸比率

如果我們要問為甚麼 0.618 或 1.618 特別重要，我們可以看看周遭大自然的結構，這些比率可謂俯拾皆是。螺旋形是上至氣旋，中到海浪，下至植物的一個基本形態，黃金螺旋形在幾何上可以劃分為一條延綿擴張的曲線，此曲線與核心中央的長度，每轉 90 度增加 1.618 倍。（見附圖 5.1）

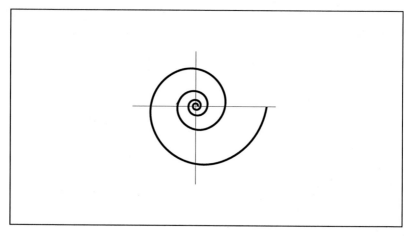

圖 5.1　黃金螺旋形

中國自古有五行學說，董仲舒在《春秋繁露‧五行之義》中曰：「木生火，火生土，土生金，金生水，水生木。」上述是五行相生的學說，與此相反的是五行相剋的學說：木剋土，金剋木，火剋金，水剋火，土剋水。

將五行學說放在一個五角形來看，五角形的每邊是五行相生，每條對角線則是五行相剋。（見附圖 5.2）

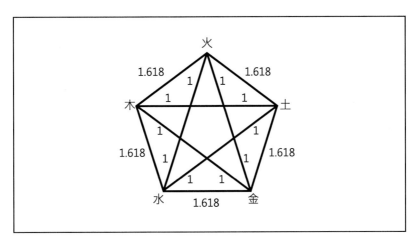

圖 5.2　五行學說與五角形

　　若用幾何方法計算一下，五角形每邊若為 1 個單位，其對角線的長度便為 1.618 個單位。邊線除以對角線得出 0.618，對角線除以邊線得出 1.618。此乃五行相生與相剋之間的關係。（見附圖 5.3）

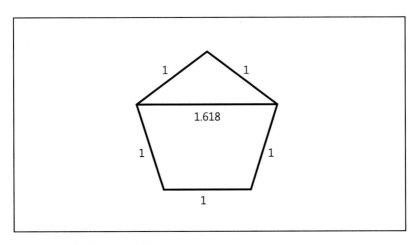

圖 5.3　五行學說與五角形

價位預測

在我們應用波浪理論時，我們首要分析的是波浪形態，判斷波浪形態之後，我們可以進一步應用費氏比率計算預期的波浪目標，在此目標之上，我們再用波浪形態印證哪一個波浪比率最為可行。最終，波浪形態的展現決定一組波浪何時完成。換言之，費氏比率在波浪分析中屬於輔助性質，但由於費氏比率有助計算目標價位，費氏比率的目標推算甚有實用價值。

以下為價位預測的應用比率，並以恒生指數的長期數浪式為例，參考圖 5.3A。

一、1 浪的推算

在推算 1 浪的目標時，我們首要借助之前一組波浪的價位幅度以助計算。1 浪是之前一組跌浪的反彈，其反彈幅度可以是之前一組跌浪的：

0.236

0.382

0.5

0.618

這裡要考慮的是要看所比較的是高一級浪還是低一級浪。比較高一級浪的話，是使用 0.236 或 0.382，比較低一級浪的話，是使用 0.5 或 0.618。

以恒指的長期浪看，大浪①由 1967 年 8 月低位 58.61 起步，到 1973 年 3 月 1774.96 見頂。大浪②路至 1974 年 12 月 150.11。大浪③的中浪（1）的小浪 I 在 463 見頂，是大浪①的反彈水平。（見圖 5.3 B, C）

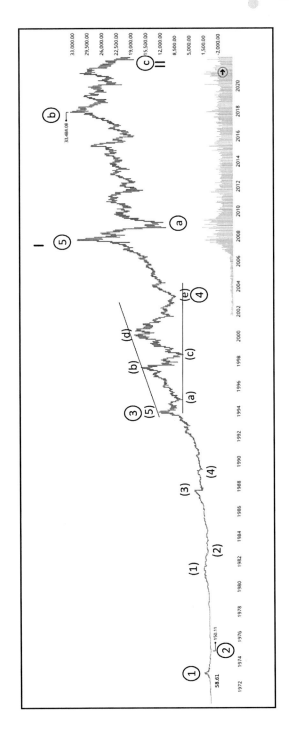

圖 5.3A 香港恒生指數月線圖長期數浪式 (1967 年 8 年低位 58.61 至 2023 年 6 月)

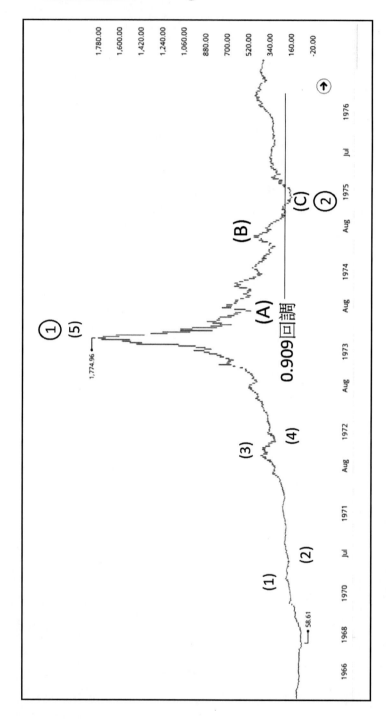

圖 5.3B　恒生指數周線圖推動 5 浪之後的調整浪 0.909 比率 (1967 年 8 月至 1974 年 12 月)

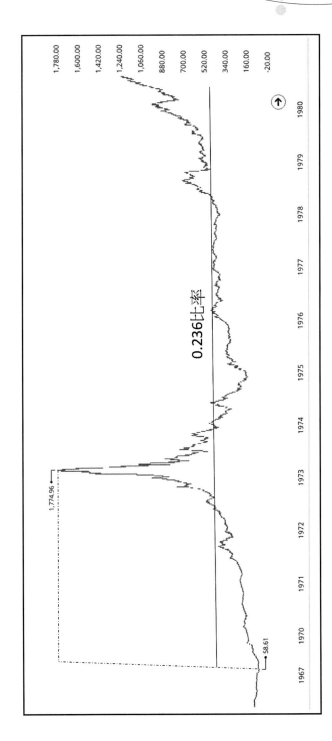

圖 5.3C　恒生指數周線圖巨浪 3 的大浪 (1) 的子浪 1，在巨浪 1 的 0.236 見頂 (1967 年 8 月至 1976 年 6 月)

二、2 浪的推算

在推算 2 浪調整的目標時，主要是參考 1 浪的幅度而定。
2 浪有多種可能出現的形態，包括：

之字形態

平坦形態

不規則形態

二重三

三重三

每一種形態指向的是不同的調整深度，常見的調整幅度包括：

（2）=（1）× 0.236

（2）=（1）× 0.382

（2）=（1）× 0.5

（2）=（1）× 0.618

（2）=（1）× 0.786 （註：0.786 是 0.618 的平方根）

（2）=（1）× 0.854

（2）=（1）× 0.909

至於何種調整深度才是實際的情況，一般而言：

1) 平坦形態或不規則形態出現 0.236 或 0.382 的調整深度
   最常見；

2) 之字形態出現 0.5 或 0.618 的調整深度最常見；

3) 複式調整浪或雙重之字形態出現 0.764、0.786、0.854
   或 0.909 的機會較大。（註：0.909 的調整差不多等如
   雙底的圖表形態。）（見附圖 5.4）

2 浪：

（2）＝（1）× 0.236

（2）＝（1）× 0.382

（2）＝（1）× 0.5

（2）＝（1）× 0.618

（2）＝（1）× 0.786

（2）＝（1）× 0.854

（2）＝（1）× 0.909

可能形態：

之字形態

平坦形態

不規則形態

二重三

三重三

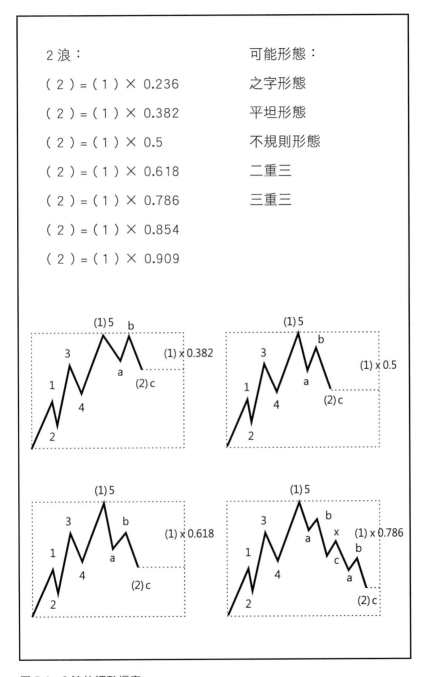

圖 5.4　2 浪的調整幅度

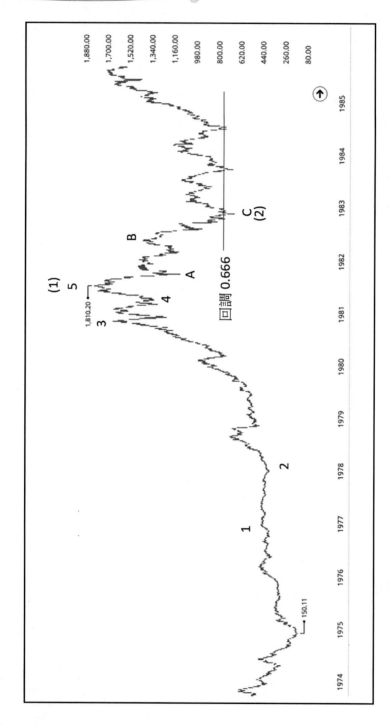

圖 5.4A　恒生指數日線圖推動巨浪 (1) 之後的巨浪 (2) 調整比率 0.666（1981 年 7 月至 1983 年 11 月）

恒指由 1974 年低位 150.11 開始的大浪（1）到 1810.20，
之後的大浪（2）調整是 0.618。（參圖 5.4A）

三、3 浪的推算

3 浪的可能形態是正常的推動浪或延伸浪。在推算 3 浪上
升的目標時，主要亦是參考 1 浪的幅度。視乎延伸浪是否出
現於 3 浪，3 浪的長度亦有不同的可能性，常見的包括以下比
率：

（3）=（1）× 1.382

（3）=（1）× 1.5

（3）=（1）× 1.618

（3）=（1）× 2

（3）=（1）× 2.236

（3）=（1）× 2.618

（3）=（1）× 4.236

（3）=（1）× 4.618

除非（1）浪是延伸浪，否則（3）浪一般比（1）浪長。

上面的比率雖然眾多，不過隨著波浪的展現，不少可能性
都會被排除，其中，當（3）浪的子浪 1 出現後，我們可以用這
個子浪 1 推斷子浪 5 的可能目標。（見附圖 5.5）

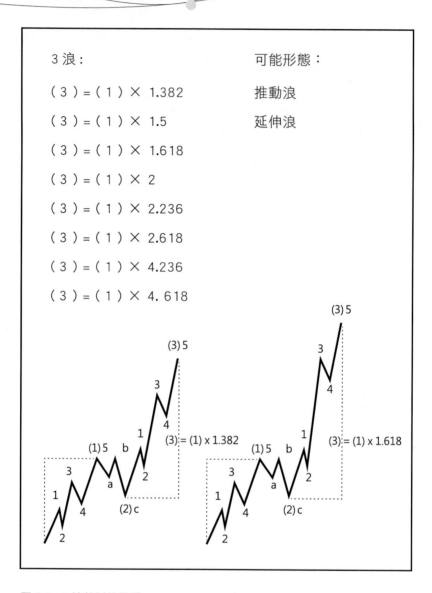

3 浪：   可能形態：

（3）＝（1）× 1.382   推動浪

（3）＝（1）× 1.5   延伸浪

（3）＝（1）× 1.618

（3）＝（1）× 2

（3）＝（1）× 2.236

（3）＝（1）× 2.618

（3）＝（1）× 4.236

（3）＝（1）× 4.618

圖 5.5　3 浪的延伸目標

恒指由 1982 年低位 676.30 進入中浪（3），到 1987 年 9 月 3968.70 高點。（3）浪是（1）的約 2 倍。（參考圖 5.5A）

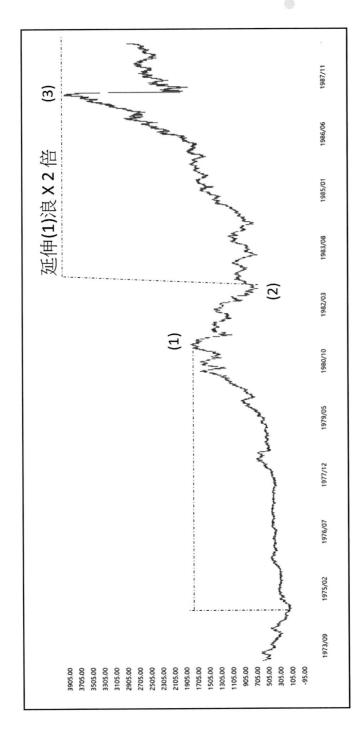

圖 5.5A　恒生指數周線圖推動巨浪 (3) 是巨浪 (1) 的延伸比率 2 倍 (1981 年 7 月至 1987 年 9 月)

四、4 浪的推算

在推算 4 浪調整的幅度時，我們主要是參考 3 浪的幅度。
視乎 4 浪調整的形態而定，4 浪的調整深度亦有多種可能性，
但一般不會超過 3 浪的 0.618 倍。

4 浪的可能調整形態包括：

之字形態

平坦形態

不規則形態

水平三角形

二重三

三重三

每一種形態指向的是不同的調整深度，常見調整幅度包括：

（4）=（3）× 0.236

（4）=（3）× 0.333

（4）=（3）× 0.382

（4）=（3）× 0.5

至於何種調整深度才是實際的情況，一般而言：

1）不規則形態或水平三角形常出現 0.236 或 0.333 的調整
深度；

2）平坦形態常出現 0.382 的調整深度；

3）之字形態常出現 0.382 或 0.5 的調整深度；

4）複式調整浪或雙重之字形態常出現 0.5 的調整深度。

（見附圖 5.6）

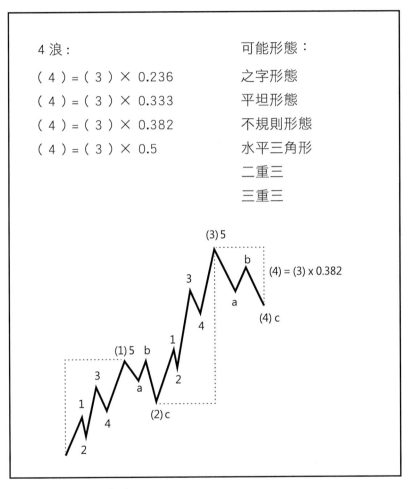

4 浪：

（4）=（3）× 0.236

（4）=（3）× 0.333

（4）=（3）× 0.382

（4）=（3）× 0.5

可能形態：

之字形態

平坦形態

不規則形態

水平三角形

二重三

三重三

圖 5.6　4 浪的調整幅度

恒指由 1987 年 9 月 3968.70 見（3）浪頂，進入（4）浪調整，至 1989 年 6 月 2022.15 見底，接近 0.618 調整。（參考圖 5.6A）

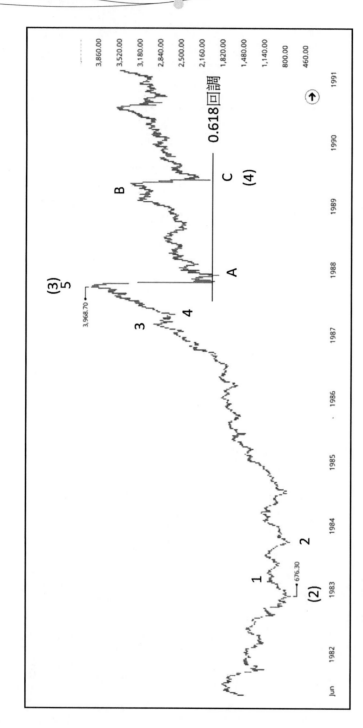

圖 5.6A　恒生指數周線圖推動 5 浪之後的調整浪 0.618 比率 (1982 年 12 月至 1987 年 11 月)

五、5 浪的推算

在推算 5 浪的目標時，主要是參考 1 浪及 1 至 3 浪的幅度。
5 浪的長短要視乎 5 浪是否出現延伸浪、斜線三角形或失敗 5
浪而定。

5 浪的可能形態包括：

正常推動浪

延伸浪

收窄斜線三角形

擴大斜線三角形

失敗 5 浪

若延伸浪在 3 浪已經出現，則我們可以預期 5 浪與 1 浪的
幅度相若；若 5 浪延伸的話，5 浪可以大幅長於 1 浪，而應該
用 1 至 3 浪的幅度去推算 5 浪。常見的延伸比率如下：

（5）=（1）× 0.618

（5）=（1）× 1

（5）=（1）× 1.382

（5）=（1）× 1.618

（5）=（1）× 2.236

（5）=（1）× 2.618

（5）=（1）× 4.236

（5）=（1）× 4.618

若以 1 至 3 浪的幅度推算的話,常見的延伸比率如下:

(5) = (1 至 3) × 0.5

(5) = (1 至 3) × 0.618

(5) = (1 至 3) × 1

在實際情況下,一般而言:

1) 若 3 浪已見延伸,預期 5 浪等如 1 浪,其次是 0.618 或 1.382 倍。

2) 若 5 浪是失敗浪,預期 5 浪是 1 浪的 0.5 或 0.618 倍。

3) 若 5 浪是斜線三角形,預期 5 浪是 1 浪的 0.618 或 0.764 倍。

4) 若 5 浪是延伸浪,預期 5 浪是 1 至 3 浪的 1、1.168、 2.236、2.618,甚至是 4.236 或 4.618 倍。

在預計 5 浪目標時要特別小心,因為一個簡單的 5 浪可以發展成延伸浪;即使 3 浪看似已出現延伸浪,5 浪亦可以大幅超過 3 浪的長度,令 5 浪成為真正的延伸浪。因此,在推算 5 浪延伸浪時,要特別留意是否已下破艾略特通道底的支持,以確認轉勢。(見附圖 5.7)

例:

恒指由 1989 年底位 2022.15 見 (4) 浪底,展開 (5) 浪延伸上升,至 1994 年 1 月頂 12599.23,出現 5 個延伸子浪。(5) 浪是 (1) 浪 6.857 倍,亦是 (1) 至 (3) 浪的 2.618 倍。

(參考圖 5.7A)(具體數據參考圖 5.7B)。

5 浪：　　　　　　　　　　　可能形態：

（5）=（1）× 0.618　　　　正常推動浪

（5）=（1）× 1　　　　　　延伸浪

（5）=（1）× 1.382　　　　收窄斜線三角形

（5）=（1）× 1.618　　　　擴大斜線三角形

（5）=（1）× 2.236　　　　失販 5 浪

（5）=（1）× 2.618

（5）=（1）× 4.236

（5）=（1）× 4.618

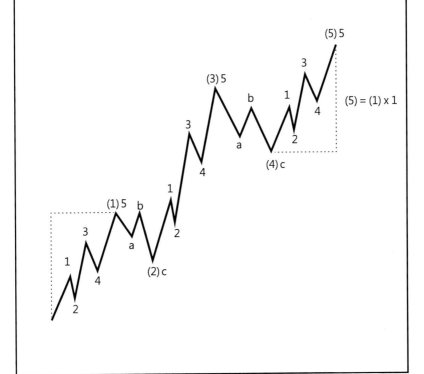

圖 5.7　5 浪的延伸目標

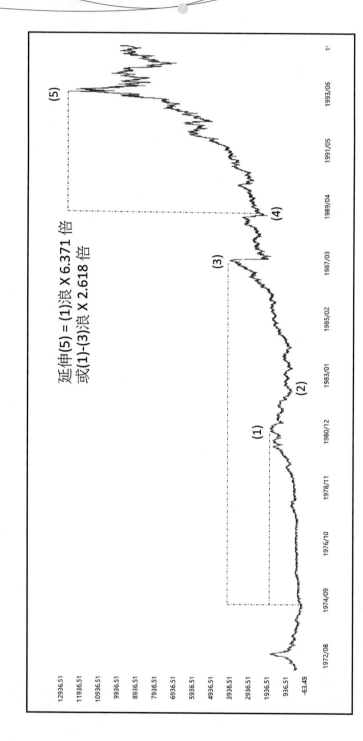

圖 5.7A 恒生指數周線圖延伸 (5) 浪是 (1) 浪 6.857 或 (1) 至 (3) 浪 2.618 比率 (1989 年 9 月至 1993 年 12 月)

波浪	開始價位	完結價位	價位幅度	浪與浪關係	調整比率	延伸比率	約為黃金比率
(1)浪	150.11	1810.2	1660.0				
(2)浪	1810.2	676.3	-1133.9	2浪對比1浪	-0.683		0.666 倍
(3)浪	676.3	3968.7	3292.4	3浪對比1浪		1.983	2 倍
(4)浪	3968.7	2022.15	-1946.55	4浪對比3浪	-0.591		0.618 倍
(5)浪	2022.15	12599.23	10577.08	5浪對比1浪		6.371	6.857 倍
(1)-(3)浪	150.11	3968.7	3818.59	5浪對比1-3浪		2.770	2.618 倍

圖 5.7B 恒生指數 5 個推動浪的數據及黃金比率 (1974 年 12 月至 1993 年 12 月)

六、調整浪的推算

在調整浪中，由於有多種不同類型的調整浪，以下分別作出討論：

1）之字形態

在之字形態的 ａｂｃ三個浪中，調整幅度一般較長，ａ浪一般而言是之前 5 浪的 0.5 或 0.618 倍；ｂ浪亦為ａ浪的 0.5 或 0.618倍；而ｃ浪則有多種可能性，分別如下：

c = a × 0.618

c = a × 1

c = a × 1.236

c = a × 1.382

c = a × 1.618

其中，最常見的是 1 倍的水平。（見附圖 5.8）

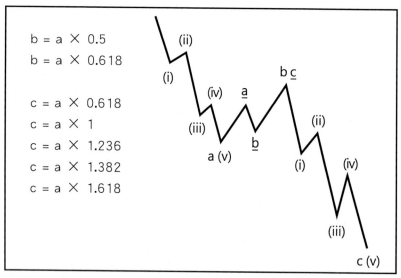

圖 5.8　之字形態 (5-3-5)

（5）浪見頂後，恒指進入（Ａ）浪調整（參考圖 5.8A），是（5）浪的 0.5 調整。

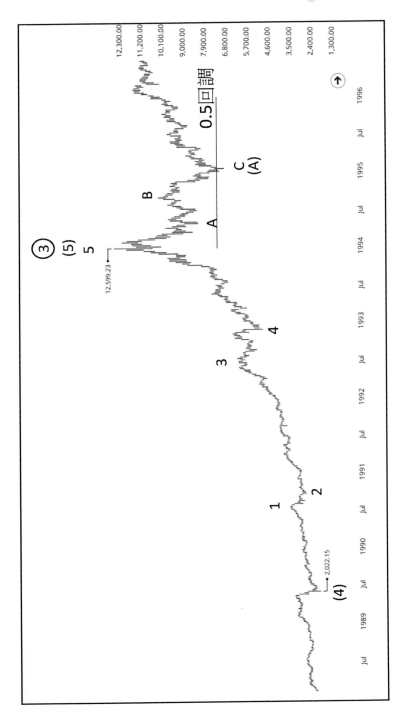

圖 5.8A　恒生指數周線圖推動 (5) 浪之後的調整 (A) 浪 0.5 比率 (1989 年 6 月至 1995 年 1 月)

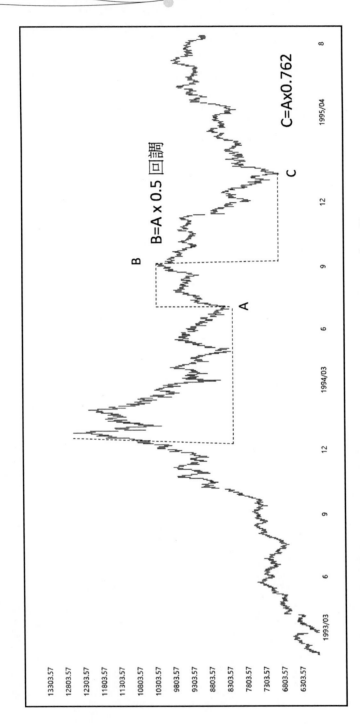

圖 5.8B　恒生指數周線圖調整 (A) 浪的子浪 ABC 調整浪比率 (1994 年 1 月至 1995 年 1 月)

（A)浪可細分為5-3-5的子浪，其中B浪是A浪的 0.5回調，C 浪是 A 浪的 0.762 倍。（參考圖 5.8B）（數據參考表 5.8C）

波浪	開始價位	完結價位	價位幅度	浪與浪關係	調整比率	約為黃金比率
Wave A	12599.23	8298.03	-4301.2			
Wave B	8298.03	10280.46	1982.43	B 浪對比 A 浪	-0.461	0.5 倍
Wave C	10280.46	6890.08	-3390.38	C 浪對比 A 浪	0.78824	0.762 倍

圖 5.8C 恒生指數周線圖調整 (A) 浪的子浪 ABC 浪的比率關係 (1994 年 1 月至 1995 年 1 月)

2）平坦形態

若調整浪出現平坦形態，其 a b c 浪調整的深度一般會較淺，常見的比率如下：

a 浪：a 浪是之前 5 浪的 0.382 或 0.5；

b 浪：b 浪按定義等如 a 浪；

c 浪：c 浪的幅度較參差，視乎 c 浪有否出現延長 c 浪（Elongated wave c），常見的比率包括：

c = a × 0.618

c = a × 1

c = a × 1.236

c = a × 1.382

c = a × 1.618

c = a × 2.236

其中，最常見的是 1 倍的比率。（見附圖 5.9）

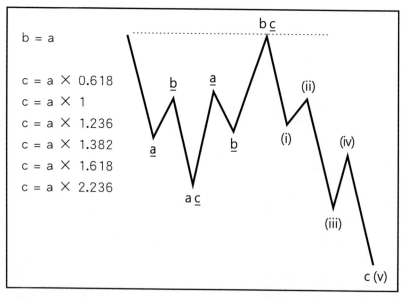

圖 5.9　平坦形態 (3-3-5)

3) 不規則形態

若調整浪出現不規則形態，其中比率的可變性較大，常見的比率如下：

a 浪：a 浪是之前 5 浪的 0.236 或 0.382 倍；

b 浪：b 浪按定義長於 a 浪，其中 b 浪常見的比率是 a 浪的 1.236 或 1.382 倍；

c 浪：c 浪的幅度較參差，視乎不規則形態有否發展成「跑動式」調整形態，或延長 c 浪。常見的比率包括：

c = a × 0.618

c = a × 1

c = a × 1.236

c = a × 1.382

c = a × 1.618

c = a × 2.236

一般上，筆者會預期 1 倍的水平。（見附圖 5.10）

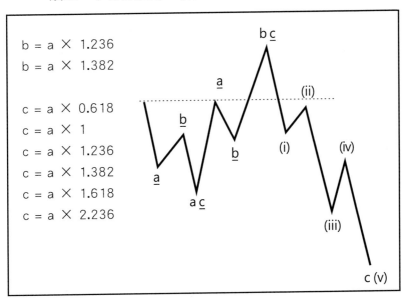

圖 5.10　不規則形態 (3-3-5)

4）水平三角形

若調整浪出現水平三角形，則在發展的過程中是比較難於捉摸的，分析者往往到事後才能見到全貌。水平三角形可發展成收窄水平三角形或擴大水平三角形，但每個子浪都存在三個子浪。

對於收窄水平三角形，常見子浪比率如下：

a 浪：a 浪是之前 5 浪的 0.5 或 0.618；

b 浪：b 浪是 a 浪的 0.764；

c 浪：c 浪是 a 浪的 0.618；

d 浪：d 浪是 b 浪的 0.618；

e 浪：e 浪是 c 浪 0.618。

對於擴大水平三角形，常見子浪比率如下：

a 浪：a 浪是之前 5 浪的 0.236 或 0.382；

b 浪：b 浪是 a 浪的 1.236；

c 浪：c 浪是 a 浪的 1.618；

d 浪：d 浪是 b 浪的 1.618；

e 浪：e 浪是 c 浪的 1.618。

（見附圖 5.11）

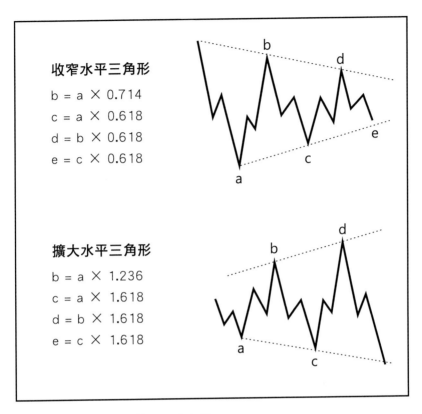

收窄水平三角形

b = a × 0.714
c = a × 0.618
d = b × 0.618
e = c × 0.618

擴大水平三角形

b = a × 1.236
c = a × 1.618
d = b × 1.618
e = c × 1.618

圖 5.11　水平三角形形態 (3-3-3-3-3)

　　若從高一級的中浪來看，恒指由 1993 年以來的大幅上落，可看為中浪 (4) 的擴大水平三角形調整浪，其數浪式可參考圖 5.11A 及表 5.11B。

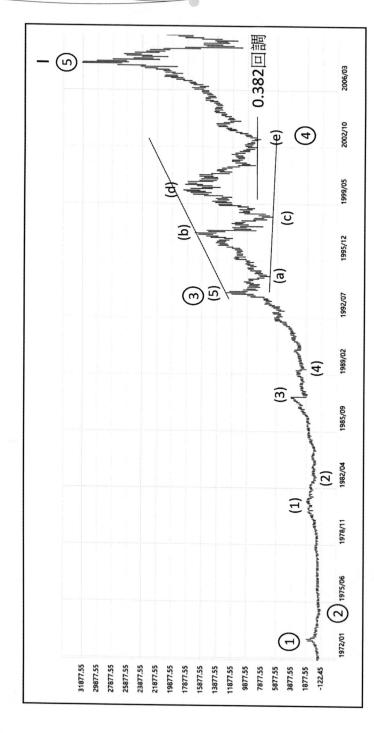

圖 5.11A　恒生指數月線圖推動 3 浪之後的擴大水平三B形調整浪 4 是 0.382 回調 (1994 年 1 月至 2003 年 4 月)

波浪	開始價位	完結價位	價位幅度	浪與浪關係	調整比率	約為黃金比率
Wave A	12599.23	6890.08	-5709.15			
Wave B	6890.08	16820.31	9930.23	B 浪對比 A 浪	-1.739	0.5 倍
Wave C	16820.31	6544.79	-10275.5	C 浪對比 A 浪	1.800	1.762 倍
Wave D	6544.79	18397.57	11852.78	D 浪對比 B 浪	1.194	0.5 倍
Wave E	18397.57	8331.87	-10065.7	E 浪對比 C 浪	0.980	1.0 倍

圖 5.11B 恒生指數月線圖擴大水平三角形調整浪 4 以子浪 ABCDE 運行及其比率關係（1994 年 1 月至 2003 年 4 月）

5）二重三或三重三

若二重三或三重三出現，則發展過程亦頗難捉摸，但具體推算方法與簡單調整形態一樣。至於 x 浪的幅度，則可大可小，沒有一定的法則。

從恒指 1993 年至 2003 年的擴大三角形調整浪而言，（a）浪是 a b c 之字形調整，（b）浪是二重三 a b c x a b c，（c）浪是 a b c 之字形，（d）浪是二重三，與（b）浪一樣，而（e）浪是三重三的複式浪。而中上升浪久推動 5 浪性質，形成三角形調整浪。參圖 5.11C

恒指完成 5 個中浪後，進入大型不規則調整浪。參圖 5.11D，圖 5.11E，圖 5.11F 及圖 5.11G。

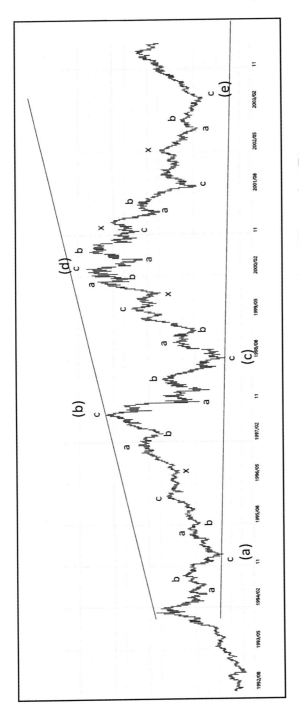

圖 5.11C　恒生指數用線圖水平擴大三角形調整浪中的二重三和三重三（1994 年 1 月至 2003 年 4 月）

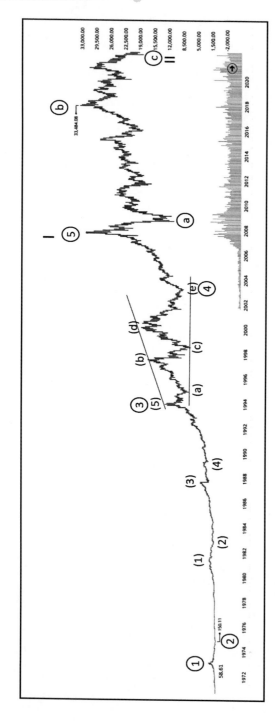

圖 5.11D 香港恒生指數月線圖由 2007 年進入不規則調整浪 (2007 年 11 月至 2022 年 10 月)

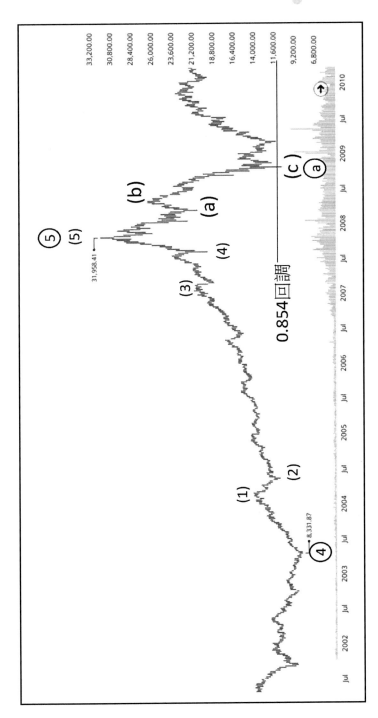

圖 5.11E 恒生指數周線圖線圖推動 5 浪之後的調整浪 0.854 比率 (2003 年 5 月至 2008 年 10 月)

169

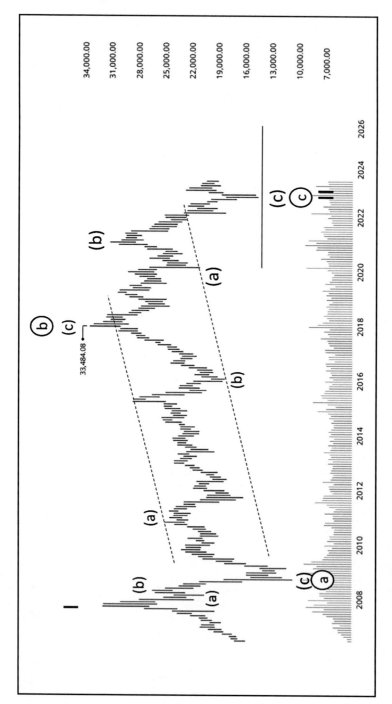

圖 5.11F 恒生指數周線圖不規則調整浪比率關係（2008 年 10 月至 2022 年 10 月）

波浪	開始價位	完結價位	價位幅度	浪與浪關係	調整比率	約為黃金比率
（a）浪	31958.41	10676.29	-21282.1			
（b）浪	10676.29	33484.08	22807.79	B 浪對比 A 浪	-1.072	1.149 倍
（c）浪	33484.08	14597.31	-18886.8	C 浪對比 A 浪	0.887448	0.909 倍

圖 5.11G　恒生指數周用線圖調整浪比率關係（2008 年 10 月至 2022 年 10 月）

價位與時間的比率

整體而言，我們推算波浪的幅度時，我們大致上可以依循以下幾個重點：

1) 若推算調整浪的幅度時，若這是一個完整的周期，周期浪中的調整浪往往是推動浪的 0.618。（見附圖 5.12）

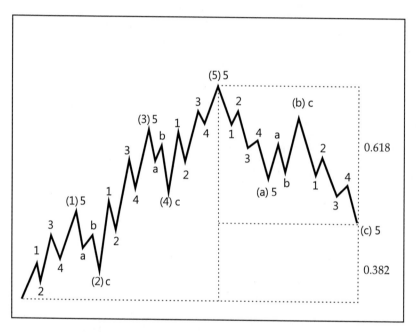

圖 5.12　市場轉捩點與費波納茨數字

2) 若看調整浪的子浪，a 浪往往是之前推動浪 1 至 5 浪價
   位幅度的 0.382，b 浪反彈可回升至 1 至 5 浪價位幅度
   的 0.236 水平，而 c 浪可下跌至 1 至 5 浪價位幅度的
   0.618 水平。（見附圖 5.13）

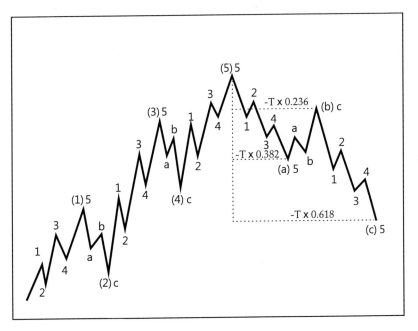

圖 5.13　市場轉捩點與費波納茨數字

3）若我們單看推動浪中 1 至 5 浪的結構，1 浪頂至 5 浪頂
的價位幅度往往等如 1 浪的價位幅度。

4）5 浪的價位幅度往往等如 1 浪起點至 5 浪起點的價位幅
度。（見附圖 5.14）

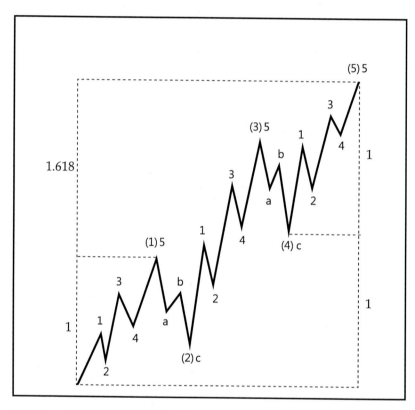

圖 5.14　市場轉捩點與費波納茨數字

5) 若我們單看調整浪中 a b c 三個浪的結構，a 浪底至 c
   浪底的價位幅度往往是 a 浪幅度的 0.382 倍。

6) c 浪的幅度往往是 a 浪起點至 c 浪起點之間的幅度的
   2.618 倍（見附圖 5.15）

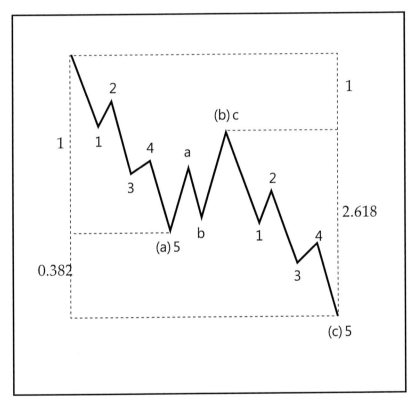

圖 5.15　費波納茨比率與 5 浪起點預測

　　上述的比率是理論化的架構，實際要看每個波浪的形態及
長度所表現出來的事實。

時間單位的數算

整體來說，波浪理論分析家並不注重時間周期的分析，原因是，波浪形態的展現已經足夠讓投資者作出適當的市場判斷。

不過，對於艾略特而言，在他後期的著作中，他頗花時間在費氏時間周期的分析上，這點是我們要特別留意的。畢竟，將價格與時間周期放在一起分析，對於市場預測的準繩度是有所裨益的。

以波浪理論的一個理論層面來看，推動浪有五個浪，而調整浪則有三個浪。若按「浪中有浪」的原則再細分的話，則推動浪應有：

5 + 3 + 5 + 3 + 5 = 21 浪

調整浪應有：

5 + 3 + 5 = 13 浪

在推動浪中，第 5 個浪，第 13 個浪及第 21 個浪是市場的高點。若每個浪的運行時間相若，則市場在 5、13 及 21 個時間單位上都出現轉捩高點。

由推動浪的起點計算，第 34 個時間單位剛為調整浪 a b c 的終點。

依上面的分析，用費氏數列數算市場周期的時間，是有一定根據的。（見附圖 5.16）

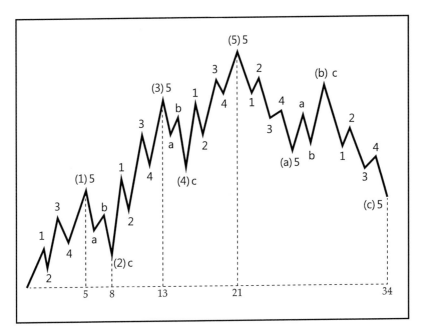

圖 5.16 市場轉捩點與費波納茨數字

　　若我們應用上面的時間單位反轉過來計算，而以下推算出來的日期走在一起，我們有理由相信，5 浪的浪頂會與此日期非常接近：

　　一、1 浪起點後的 21 個時間單位；

　　二、3 浪起點後的 13 個時間單位；

　　三、3 浪終點後的 8 個時間單位；

　　四、5 浪起點後的 5 個時間單位。

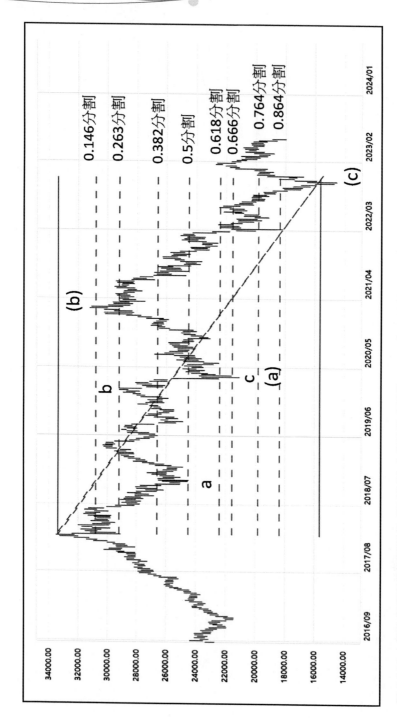

圖 5.16A　恒生指數日線圖調整浪 (A)(B)(C) 之間的比率關係 (2018 年 1 月至 2022 年 10 月)

波浪	開始價位	完結價位	價位幅度	浪與浪關係	調整比率	約為黃金比率
a 浪	33484.08	24540.63	-8943.45	-	-	-
b 浪	24540.63	29174.92	4634.29	b 浪對比 A 浪	-0.518	0.5 倍
c 浪	29174.92	21139.26	-8035.66	c 浪對比 A 浪	0.898497	0.909 倍
(a) 浪	33484.08	21139.26	-12344.8	-	-	-
(b) 浪	21139.26	31183.36	10044.1	b 浪對比 a 浪	-0.814	0.854 倍
(c) 浪	31183.36	14597.31	-16586.1	(c) 浪對比 (a) 浪	1.343564	1.382 倍
(a)-(c) 浪	33484.08	14597.31	-18886.8	(a)-(c) 浪對比 a 浪	2.111799	2 倍

圖 5.16B 恒生指數日線圖調整浪 (a)(b)(c) 之間的比率關係 (2018 年 1 月至 2022 年 10 月)

　　另外，在推算調整浪的終點時，亦可考慮以下的時間單位：

一、5 浪頂後的 13 個時間單位；

二、a 浪底後的 8 個時間單位；

三、b 浪反彈高點後的 5 個時間單位。

　　若上面推算出來的日期走在一起，亦告訴我們這裡有很大機會是 c 浪的終點。（見附圖 5.17）

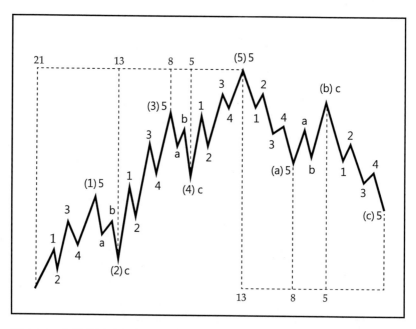

圖 5.17　市場轉振點與費波納茨比率

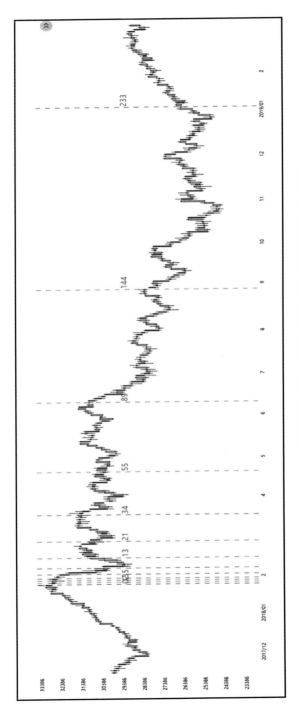

圖 5.17A　恒生指數日線圖由 2018 年 1 月 29 日起的費氏數字日數 (2018 年 1 月至 2019 年 4 月)

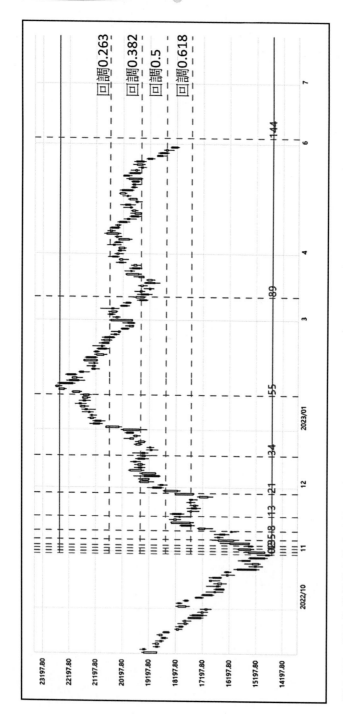

圖 5.17B 恒生指數日線圖的費氏數字日數及黃金回調比率 (2022 年 10 月至 2023 年 5 月)

時間比率推算

在推算波浪的轉捩點時，若我們數算費氏數列在市場的關係的話，其實我們亦即是計算市場波浪與波浪之間的比率。

簡單地說，推動浪有 21 個浪，調整浪有 13 個浪，兩者之間的比率便接近 0.618。如是者，調整浪中的 a 浪有五個浪，是推動浪的 0.236，調整浪中的 b 浪有三個浪，5 浪頂與 b 浪反彈的頂部之間有八個浪，亦即推動浪 21 個浪的 0.382。

由上面可見，推動浪的時間幅度，可以作為推算其後市場轉捩點的基礎。（見附圖 5.18）

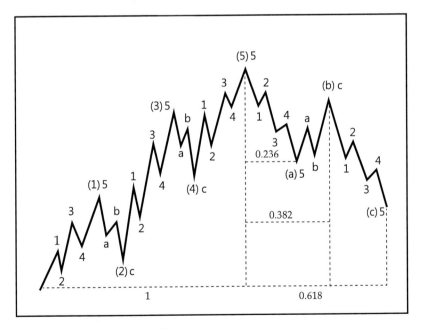

圖 5.18　市場轉捩點與費波納茨比率

若我們單看推動浪中的結構，我們亦可以見到推動浪中費氏比率的時間應用。

推動浪有五個浪，低一個層次的話有 5-3-5-3-5，即 21 個浪。其中：

一、1 浪起點與 2 浪底的時間幅度，與 2 浪底至 5 浪頂的時間幅度存在著 1.618 倍的關係。

二、1 浪起點與 3 浪頂的時間幅度，與 3 浪頂至 5 浪頂的時間幅度存在著 0.618 倍的關係。（見附圖 5.19）

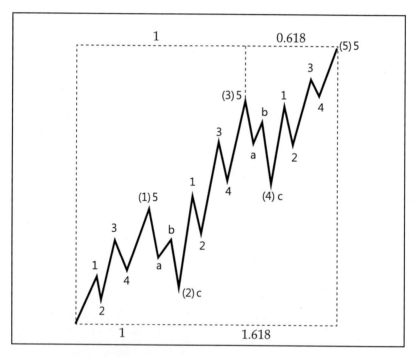

圖 5.19　市場轉捩點與費波納茨比率

另外，我們亦可看調整浪中的結構，調整浪有ａｂｃ三個浪，低一個層次的話有 5-3-5，即 13 個浪，其中：

一、ａ浪的時間幅度，與ａ浪底至ｃ浪底的時間幅度存在著 1.618 倍的關係。

二、ａ浪起點至ｂ浪反彈終點的時間幅度，與ｃ浪的幅度存在著 0.618 倍的關係。（見附圖 5.21）

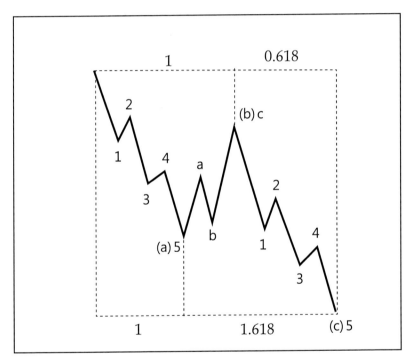

圖 5.21　市場轉振點與費波納茨比率

上面利用波浪理論的原型介紹了費氏比率在波浪結構的時間推算的可能性。不過，由於波浪形態千變萬化，上述的比率並不能完全套用在每一個浪之中，其中有些浪延長，有些浪縮短，亦影響上面計算時間轉捩點的準確性。

不過，有以下原則可以考慮應用：

一、3 的原則：若有三個不同的時間推算都集中在同一個日期，該時間轉捩點的可能性較大；

二、價位與時間配合：若在推算的時間與推算的價位同時出現，該轉捩點的可能性亦較大；

三、波浪形態：最後亦最重要的是，上述的推算與波浪形態的發展互相配合。

基於上面三項原則，分析者達致準確推算的機會應可大為提高。

第六章

波浪的特性

在理論上，波浪理論的架構：五個推動浪及三個調整浪，十分清晰，不過，若在實戰的情況下，由於形態的變化甚多，分析者往往迷失方向，浪不迷人人自迷。要達致正確的數浪式，分析者必須保持客觀的判斷能力。事實上，判斷波浪理論中每一個浪的運行可以從每一個波浪的特性去作出判斷，以減低出錯的機會。

所謂波浪的特性，其實是按照市況發展中，每一組波浪所展現出的市場現象去辨認波浪的形態，筆者所指的市場現象包括以下幾項：

1) 市場活動

2) 市場情緒

3) 市場動量

4) 市場裂口

5) 市場成交量

6) 市場未平倉合約

以下在每一組浪中，根據上述六點市場現象加以剖析。

（見附圖 6.1 - 6.5）

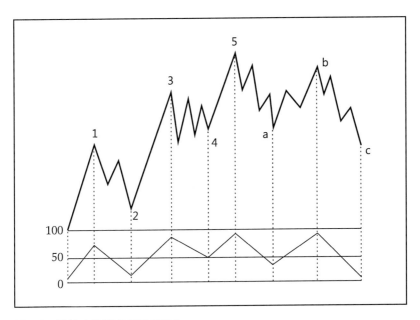

圖 6.1 波浪走勢與市場情緒變化

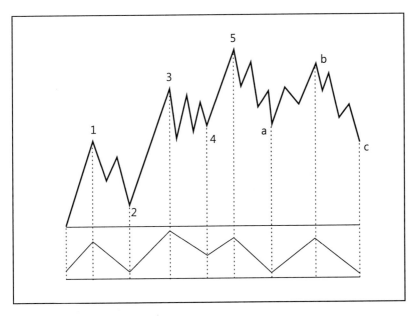

圖 6.2 波浪走勢與市場動量變化

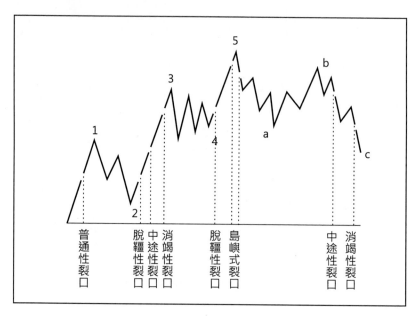

圖 6.3　波浪走勢與市場裂口

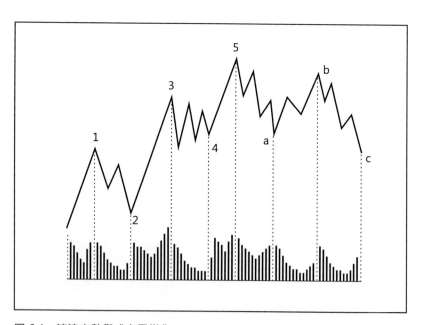

圖 6.4　波浪走勢與成交量變化

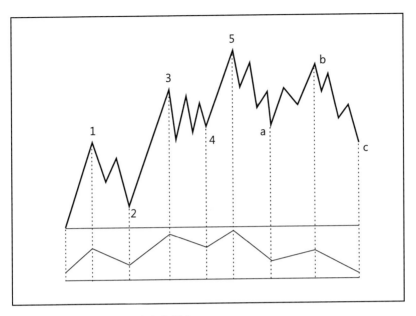

圖 6.5　波浪走勢與未平倉合約變化

一、推動浪中的 1 浪

推動浪中的第 1 浪是趨勢的起始點，有以下市場特徵可供辨認：

1) **市場活動** ── 在 1 浪中市場活動一般較為薄弱，因為經歷之前的跌市，市場對於新的上升趨勢並未能夠確認，但在這段時間，市場的長線投資者已不斷入市買入，原因是就價值而言，市場的價格已具長線投資價值。不過對於投機性的短線買賣者而言，市場多被看為是跌市中的反彈，需要止蝕者止蝕，斬倉者斬倉，跟隨趨勢者會趁反彈加倉造空。

2）**市場情緒** —— 在 1 浪中，市場情緒維持悲觀，市場在這時候悲觀情緒蓋過理性的價值計算，又或者在悲觀消息出現後，市場才開始平復過來。在這段時間，有趣的是，市場情緒維持悲觀，但市價尚出現反彈，多數人認為是屬於淡倉回補性質，市場並不見到有利好的消息。

3）**市場動量** —— 在 1 浪裡面，市場的動量一般並不大，雖間或見到急彈現象，但時間相對短暫，而之後的沽壓亦較大，沽壓調整的時間亦較大。在 1 浪裡，由於動力不足，經常出現斜線三角形等情況，即子浪 2 及 4 互相重疊的情況。

4）**市場裂口** —— 所謂裂口，是昨天的高點低於當天的低點，中間存在未曾買賣過的價位。在 1 浪中，市場的反彈一般會出現短暫的反彈，並在日線圖上出現上升的裂口，但這些上升裂口一般在圖表形態分析中被看為「普通裂口」（Common Gap），而這些普通裂口出現後多數會被補回。補回裂口的意思是，市價在往後日子會回到這個裂口未曾買賣過的價位水平，填補此一空檔。

5）**市場成交量** —— 在 1 浪之中，初段成交量多數會較之前的跌浪為大，此反映出市場長線投資者大手買入，吸納市場存在價值的股票。不過到了 1 浪的後期，長線吸納者已逐步完成要做的工作，市場的成交量會逐步收縮，這反映市場的信心一直未能恢復。

6）**市場未平倉合約** —— 在股市指數期貨市場中，未平倉合約反映市場的持倉情況。在 1 浪初段中，市場未平倉

合約回升，但到 1 浪的後期，未平倉合約水平回落，但一般仍然高於之前跌浪的平均水平。究其原因，在市場的長線投資者大手吸納下，加上短線跟風者博反彈，市場持倉量自然大增，然而，當 1 浪上升到後期，短線跟風者陸續獲利回吐，令未平倉合約的數目回落。

總結而言，在 1 浪中，市場信心仍然悲觀，但已有「醒目錢」率先入市，改變了市場一面倒的情況。

二、推動浪中的 2 浪

推動浪中的第 2 浪是趨勢反彈後的第一次回吐，以測試市場的底部，不少分析家都以 2 浪的深度或看 2 浪是否破底，以判斷新的趨勢是否出現。在 2 浪之中，有以下市場特徵可供辨認：

1) **市場活動** —— 在 2 浪之中，一般市場活動維持薄弱，甚至可以用沉悶去形容。因為經歷了 1 浪的驚喜，市場積累了不少好倉，不少短線投機者都會趁此時獲利回吐。此外，繼續看淡者又會趁此反彈的機會沽空，令市場繼續弱勢。在這段時間，長線投資者多會採取守勢，持盈保泰，以待新的機會出現。在 2 浪的尾聲，造淡者多會以為市場仍然會維持一浪低於一浪的下跌，即市況會再創出新低。然而，長線投資者會在 2 浪調整的尾聲再度發力，令 2 浪呈現好淡拉鋸的局面，直至有新的因素打破這個悶局。

2) **市場情緒**——在 2 浪中，市場情緒受到 1 浪上升的驚喜而較為持平，不少投資者見到 1 浪反彈開始重新理性分析市場的價值，因此在 2 浪中，市場的情緒較為分歧，有人仍然看淡但亦有人已較為看好。然而，市場整體氣氛仍然低迷，沒有看法者佔市場的大多數，買賣兩閒。

3) **市場動量**——在 2 浪裡，市場動量最弱，市場的好淡力量大致均等，令市場走不出方向，在這階段，市場吸引不到投資者的注意。

4) **市場裂口**——在 2 浪裡，市場多會補回 1 浪所出現的普通裂口，而市場亦有機會在 2 浪中的子浪 a 或子浪 c 出現細小的裂口，然而，這些裂口仍然屬於普通裂口，市場意義不大。

5) **市場成交量**——在 2 浪裡，市場的成交量會逐漸收縮，甚至收縮至低於之前的跌市。成交量收縮的原因是：第一，好淡爭持，買賣兩閒；第二，不同於之前的跌市有投機盤造淡，2 浪裡，由於方向未明顯，市場的投資活動亦相對減少。在這段時間，由於市場消息不多，投資者多等待基本因素改變才入市。

6) **市場未平倉合約**——在這段 2 浪時間，未平倉合約數目持續下降，短線投機者多已離場，而長線投資者方面，亦有些因為信心不足而減低持倉，令未平倉合約進一步下降。

在 2 浪中要留意的是，市場人心虛怯，因為按照道氏理論 (Dow Theory)，2 浪若破底，即表示市況仍然處於一浪低於一浪之中，而市場又會借勢繼續造淡。事實上，亦有一些分析者以為 2 浪不會破底而建好倉，但當 2 浪下破 1 浪低位後，這批投資者亦需要斬倉離場。

三、推動浪中的 3 浪

推動浪中的第 3 浪是趨勢中最吸引人的一次上升浪，因為當 2 浪調整完結，3 浪升破 1 浪的頂部時，意味著市場已經展現一浪高於一浪的上升趨勢，而這個趨勢的出現，吸引了大部分道氏理論的信徒入市。在這段時間，好消息湧現，市場情緒出現 180 度的轉變。

1) **市場活動** —— 在 3 浪之中，一般市場活動出現好轉，當好消息出現後，市場長線投資者加碼買入，短線投機者跟風買入，2 浪時積累的淡倉紛紛止蝕離場，空倉回補。在這種市況下，市價見急升。投資者在上述市況中，雖然仍有看淡者，但為勢所迫，已不得不棄械投降。

2) **市場情緒** —— 在 3 浪之中，市場情緒可謂出現 180 度的轉變，由心存虛怯到勇者無懼，市場由悲觀變為樂觀，在利好的消息刺激下，淡方已在一時之間改變看法。當然，在此情況下，市場仍存在看淡者，伺機再度造淡。

3）**市場動量**——在 3 浪中，市場動量最為強勁，每天的高低波幅亦較 2 浪時為高，在這段時間，投資者希望等待回吐吸納，但往往等候不到這一天，直到投資者高位追貨為止。

4）**市場裂口**——在 3 浪中，市場升幅屬害，而市場亦經常出現上升裂口，在裂口形態中，突破性裂口（Breakaway Gap）及中途裂口（Mid-way Gap）經常出現。所謂突破性裂口是指市場出現裂口後，短期市價不會補回這個裂口。所謂中途裂口，則是指在趨勢中段時，市價出現的裂口，一般亦不會在短期內補回。

5）**市場成交量**——在 3 浪裡，成交量自然是最高的，無論長線或短線投資者都在這個短時間內入市，加速市價上升的速度，而成交量亦大增，證明市價信心完全恢復。在某些情況下，3 浪的初段時成交量未必見到即時的大幅增加，但 3 浪上升至末段，市場愈來愈多人相信這個趨勢，成交量因而再進一步攀升。特別要留意的是，3 浪初段時，願意拋售者不多，因此 3 浪初段多呈現「乾升」之現象，意即上升未見成交量支持。直至 3 浪的後期，早段已入市者開始陸續套現，而後來者不斷接貨，令 3 浪後期的成交量大增。

6）**市場未平倉合約**——在 3 浪中，毫無疑問，市場的未平倉合約持續增加，反映市場的長線及短線投資者不斷提高持倉量，以迎接新的上升趨勢。

在分析 3 浪時，要留意延伸浪出現在哪裡，若延伸浪出現在 1 浪或 5 浪則上述的情景便可能會在 1 浪或 5 浪中出現，而非在 3 浪中出現。

四、推動浪中的 4 浪

推動浪中的第 4 浪是趨勢中最令人焦急的一組浪，因為在 3 浪中，不少投資者已建立了好倉，但由於後勁不繼，市場出現回吐的沽壓，市場在趨勢中出現另一次爭持整固的局面。

1) **市場活動** —— 在 4 浪中，市場進入激烈的爭持，市場未見突破。在此段時間有長線投資者套現，有長線投資者追入；有短線投機者博回吐，亦有短線投資者博反彈，好淡勝負未分。

2) **市場情緒** —— 在 4 浪中，市場情緒亦出現分歧，有人見急升之後轉為看淡，但亦有人認為應趁低吸納，市場整體來說情緒是較為持平的。

3) **市場動量** —— 在 4 浪中，市場動量消失，並進入橫向消化局面，每天高低波幅開始收窄，市場亦等候進一步的消息以作進一步部署。到 4 浪的尾聲，常見到市場出現震倉的現象，即市況下滑令缺乏信心的一部分投資者離場。

4) **市場裂口** —— 在 4 浪中，市場裂口甚少出現，除了在 4 浪尾聲出現震倉情況時，一般見到的都是普通裂口。

5) **市場成交量** —— 在 4 浪裡，市場成交量早段仍然暢旺，但到尾聲時，成交量已逐步縮減，一方面，部分長線投資者已經離場，而市場動量不大亦難以吸引新的買賣興趣。

6） **市場未平倉合約** —— 在 4 浪裡，早段未平倉合約數目仍然維持高水平但其後慢慢回落。然而，在中段未平倉合約仍然高於 2 浪時期。到 4 浪尾聲震倉後，未平倉合約數目會見到急跌，但其後數目迅速反彈，證明長線投資者仍然有興趣持有好倉。

在分析 4 浪時，成交量及未平倉合約會成為後市發展的重要指標。

五、推動浪中的 5 浪

推動浪中的第 5 浪是趨勢中吸引最多散戶入市的時期，傳媒亦開始高度關注市場的變化，而這亦是趨勢中最後的一次升浪。

1） **市場活動** —— 在 5 浪中，市場投機氣氛最為熾熱，配合利好的消息或似是而非的市場評論，大量短線投資者及散戶跟風入市。但在這段時期，長線投資者多開始獲利回吐。

2） **市場情緒** —— 在 5 浪中，市場情緒極為樂觀，市場人士一方面覺得市價位高勢危，但另一方面見市況持續上升，亦忍不住跟風追入。與 3 浪時期的市場情緒相比，3 浪的樂觀情緒是由悲觀的情況轉過來的，內中含有患得患失的心理，但 5 浪時期的樂觀，則是在持續樂觀的情況下，經歷了懷疑然後又確認的心理過程，在 5 浪時期，市場信心達到高峰。很多時間，投資者在 5 浪上升時期懷抱著難以否證的「投資概念」，令市場進入非理性的狀態。

3) **市場動量**——若 5 浪時，一般市場動量不及 3 浪的動量，與市場的氣氛並不配合。不過，若屬於 5 浪延伸浪的話，則 5 浪的動量最強勁。另外，如果 5 浪出現的是斜線三角形甚至失敗 5 浪，5 浪的動量將會相當弱。以動量指標或其他波動指標看，5 浪時期多數會出現頂背馳的現象，反映市勢後勁不繼。

4) **市場裂口**——在 5 浪時期，市場經常會出現消竭性裂口（Exhaustive Gap），意即市勢出現裂口上升後動力無以為繼，市場很快回落，並補回較早前出現的裂口。在某些情況下，市場會出現單日或雙日的島嶼式頂部（One-day or Two-day Island Top），意即市場出現消竭性裂口上升後，一天或兩天內出現裂口下跌，前後兩個裂口的價位水平相若，因而在圖表上出現類似島嶼的形態，是一個強烈的市場轉勢訊號。

5) **市場成交量**——在 5 浪時期，市場的成交量較 4 浪時期大增，並與 3 浪時期的成交量相若。這要視乎延伸浪出現於 3 浪或 5 浪，若延伸浪出現於 3 浪，5 浪成交量會較 3 浪時期為低；若延伸浪出現於 5 浪，5 浪的成交量會較 3 浪時期為高。5 浪成交量增加，反映出市場投機氣氛熾熱，吸引大量短線盤入市，在見頂一刻，成交量更會急升。

6) **市場未平倉合約**——在 5 浪中，市場未平倉合約會上升至新高，短線買賣盤加入，令市場持倉量急升，直至見頂之前，未平倉合約數目會出現後勁不繼，到見頂的時間，市場未平倉合約數目急降，反映不少長線盤平倉離

場，而短線盤亦不再開出新倉。一般而言，成交量急升而未平倉合約數目急降，反映 5 浪將要結束。

在推動浪完成之後，市場進入調整浪的時期，調整浪分為 a b c 三個浪，各有其特性：

六、調整浪中的 a 浪

當推動浪的 5 浪結束時，投資者始時會大出意外，但其後多會認為是屬於健康的調整，不少人仍然持有樂觀的態度。整體上，市場的基本因素多維持利好。

1) **市場活動**——在 a 浪下跌中，長線投資者多將持倉減磅套現，而對手多為仍然看好的短線投資者。長線投資者往往趁好消息出現的時間清貨，因為市場承接力大，清倉的速度亦快。當好消息出台後，由於承接力漸減，長線投資者的拋售力度更大，因而引發 a 浪後期的急跌。

2) **市場情緒**——在 a 浪下跌中，市場情緒由極度樂觀轉為中性，有人看好亦有人看淡，市場觀點再現分歧。

3) **市場動量**—— a 浪下跌出現時，拋售的力量頗大，市場下跌動量大增，多項短線技術指標都出現超賣的情況，並引發一輪斬倉的活動。

4) **市場裂口**—— a 浪下跌時通常出現普通裂口，意即這些裂口會在後期被補回。不過，如果之前的 5 浪是一個延伸浪的話，a 浪下跌時會出現島嶼式頂部，而所出現的下跌裂口在短期內不會被補回。

5) **市場成交量** —— a 浪下跌初段，成交量多會較高，但到中段及尾段，成交量會逐漸萎縮，反映沽壓已近尾聲。

6) **市場未平倉合約** —— a 浪下跌初段，未平倉合約數目持續下跌，反映清倉離場者眾，但到 a 浪尾段時間，未平倉合約數目開始回升，反映有投資者已開始建倉博反彈。

七、調整浪中的 b 浪

在調整浪中的 b 浪時期，市場一般認為在「健康」調整之後，市場會再創新高。就市場消息而言，此時好淡消息交替，令人無所適從。

1) **市場活動** —— 在 b 浪的反彈中，很多人會覺得市場已打下良好的底部，短線投資者紛紛入市博反彈，長線投資者亦有部分認為市況好轉，預期市場會創出新高而入市。

2) **市場情緒** —— 在 b 浪的反彈裡面，市場情緒轉為樂觀，在某些情況下，更加會變得極之樂觀，甚至接近 5 浪時的樂觀程度。市場樂觀的原因，是大部分人仍然認為上升趨勢會持續下去，在調整後，市場會再創新高。

3) **市場動量** —— 在 b 浪中，市場的動量大為減弱，市場缺乏向上的推動力量，市場主要由短線投資者支撐著升勢，但交投未見暢旺。

4) **市場裂口** —— 在 b 浪中，市場裂口出現的機會較低，即使出現亦只屬於普通裂口，轉眼間已見補回。在 b 浪反彈的尾聲時，b 浪的子浪 c 或會見到裂口上升，但亦會在短期內補回。

5) **市場成交量** —— 在 b 浪中，市場成交量乏善可陳，市場未見大手買賣，而成交量會較 a 浪為低。然而在 b 浪尾段，成交量或會稍為增加，主要由反彈浪所引發。

6) **市場未平倉合約** —— 在 b 浪裡面，市場未平倉合約數量維持低企，投資者對於開倉興趣只屬普通，持倉者大部分為短線投資者，長線投資者的持倉僅屬少數。

八、調整浪中的 c 浪

調整浪中的 c 浪下跌，屬於調整浪的最後階段，但亦可以延展一段頗長時間。調整浪的 c 浪既可發展成延長 c 浪，亦可以斜線三角形的形態出現。c 浪是調整浪中最具殺傷力的一組浪，通常配合壞消息出現，市場信心全毀。

1) **市場活動** —— 在 c 浪下跌時，長線投資者清貨離場，而短線投資者亦作出拋售，甚至造空，令市場出現一面倒的向淡局面。當中或會有短線博反彈者，但為數不多。

2) **市場情緒** —— 由於壞消息湧現，市場的情緒由樂觀轉為悲觀，而市場的拋售潮出現，又加深市場的悲觀情緒，投資者多次博反彈不遂，轉而造淡。

3) **市場動量** —— c 浪下跌中的動量是調整浪之中最大的一組浪，下跌速度急而具殺傷力，令人措手不及。在 c 浪後期，動量指標多已進入超賣階段，但多次反彈都無法扭轉市場跌勢，市場出現超賣再超賣的情況。

4) **市場裂口**——在 c 浪下跌的初段，市場經常出現下跌裂口，這些裂口多為突破性裂口（Breakaway Gap），這些裂口出現後，多不會在短期內補回。到 c 浪中段及尾段，c 浪出現裂口的機會較少。然而，在見底的前後，市場有可能出現島嶼式底部（Island Bottom），即市場出現裂口下跌，在底部停留一至兩天，然後出現裂口上升，前後兩個裂口中間出現價位的真空。

5) **市場成交量**——在 c 浪下跌的初段，成交量增加，市場沽售力度增大。但到 c 浪的中段，成交量開始下降，但下跌趨勢仍然持續。到 c 浪的尾聲時，成交量多會回升，主要原因是不少長線投資者由於信心不足亦決定沽貨離場，短線投資者亦加入沽空的行列。

6) **市場未平倉合約**——在 c 浪的下跌中，市場未平倉合約逐步回升，原因是市場的沽售壓力隨市況下跌而增加，投機沽盤亦增加，令市場持倉量大增。到 c 浪下跌的尾聲，成交量大增而未平倉合約回落，反映投機盤已陸續平倉離場，此亦標示著 c 浪的跌市告一段落。

上述五個推動浪及三個調整浪中，八個浪的特性迥異，而不同波浪形態的變化亦對每組波浪的特性有不同的影響。然而，只要留意每一組浪中所展現出來的特性，分析者不難因應所見的特性作出正確的辨認，從而達致正確的數浪式。

波浪理論與市場情緒

　　波浪理論的市場分析是一種整全的分析方法，它不單將市場的波動形態作出具體的分類，還更進一步對各種市場的走勢以神奇數字以及黃金比率作數量化的比率分析。此外，對於時間周期，波浪理論亦有相當明確的計算。

　　然而，波浪理論並非一套生硬的數學計算模式，它對於市場每一個階段中投資者心理，以至市場情緒，都有十分細緻的觀察及描述。換言之，波浪理論的分析，不單止認為市場的價位及時間的波動是以神奇數字及黃金比率互相維繫，更認為在這一切的背後，其實是投資大眾的心理根據神奇數字的數學模式以及黃金比率而變化。

　　掌握群眾的投資心理，並作客觀的分析，對於正確預測市場每一個波浪的走勢極為重要。在一個上升的市勢中，波浪理論將之劃分為五個浪，每個波浪發生在不同的市場環境，因此市場彌漫著的投資心理亦截然不同：

第 1 浪

　　於第 1 浪的上升，市場處於起步階段，發展的趨勢並未成形，市場心理充滿疑慮，而第 1 浪的上升，通常十分短促，反映市場一種試探性買入的心理。這段時間成交量緊隨價位上升，予人大市開始壯旺的感覺。

　　到達第 1 浪頂時，投資者往往急於套現，投資態度欠缺中長線的部署，視市況仍然處於一個上落市之中。此外，在這段時間，通常市場會傳出種種不利的消息，打擊這個初現的升市。成交量方面，一般在第 1 浪頂時會大幅萎縮，反映這個短暫購買力的終結。

第 2 浪

第 2 浪下跌的出現，殺傷力極大，因為它不但將長線看好投資者在第 1 浪上升的所得打回原形，更將在第 1 浪追入的短線投資者殺個措手不及。這批投資者通常充滿猶豫的心理，對於市場的趨勢亦無持久的信念，市場一旦出現不利消息，無論長線或短線投資者都會極為悲觀。

因此，在第 2 浪中，市場投資情緒最為悲觀，較第 1 浪的起點有過之而無不及。吊詭的是，第 2 浪並未下破第 1 浪的起點，證明掌握市場資訊的大戶知道市場價值之所在，並在低位悄悄吸納。第 2 浪調整時，一般來說成交量萎縮，與市場悲觀情緒相映成趣。

在市場升勢的第 1 浪及第 2 浪中，投資大眾一般不以為然，仍然視市場處於上落市之中，炒家一般高沽低揸。第 3 浪的出現遂引起市場廣泛關注。

第 3 浪

第 3 浪的上升充滿爆炸性，一方面看好的投資者見大市未創新低而回升，急不及待買入股票；第二方面，原先佔市場絕大部分的淡友，陸續轉軚增持股票，亦加速股價上升的動力。市場經驗告訴我們，大市向上飆升的同時，通常市場會傳出多個利好的消息。一般人以為大市上升，是利好消息傳出所引發，實質上，市場價格與經濟環境的變化，均由同一套客觀規律所推動，因此一切市場因素是同時出現變化，而基本因素與市場技術因素並無因果的關係。

在第 3 浪的上升中，成交量大增，與第 1 浪的成交量不可同日而語。此外，市場會出現多個上升裂口，為第 3 浪上升的爆炸性推波助瀾。因此，成交量大增與上升裂口成為第 3 浪的重要標記。

第 4 浪

當購買力消耗得七七八八，短線投資者獲利回吐時，股市將進入第 4 浪的調整。第 4 浪的出現相當富戲劇性，通常是第 3 浪急升後的大幅下挫，令市場出現相當大的恐慌。不過，由於市場上升趨勢已成，仍有不少看好的投資者趁低吸納，令市場出現橫向的爭持局面。

這段時間可說是市場最為沉悶的一段時間，股市橫行可能會達數個月之久，大市好淡爭持，成交量逐步萎縮，看好看淡者的比率相若。有趣的是，在這段時間，利好利淡的消息交替出現，教人無所適從。

在一個中期的上升浪中，投資者的買賣情緒會如鐘擺一樣，由極為看淡，轉至極為看好，又由極為看好，轉至極為看淡，投資情緒的波動，周而復始。

第 5 浪

經過多月的沉悶局面，若市價上升，帶動成交量增加，將可確認為第 5 浪的上升。

第 5 浪的市場心理極為看好，它的上升速度極快，而成交量較之前增加，可惜第 5 浪的上升成交量將明顯較第 3 浪為少，與市場極為看好的情緒殊不協調，亦即出現成交量與價位背馳的現象。

在這段時間,市場的上升亦與第 3 浪一樣出現裂口,這些裂口通常為消竭性裂口,大戶在高位派發,令市價大幅回落。

當市場到達最後升浪的階段時,投資心理會達到最為樂觀的階段,利好消息充斥市場,專家紛紛發表看好的言論,散戶大量入市,將市場進一步推高。

在這段時間,是淡友最艱苦的時期,空倉多遭致止蝕,意興闌珊,淡友一日未遭止蝕,市場的第 5 浪上升是不會走完的。因此「淡友轉軌」經常是第 5 浪上升中常見的現象。

根據波浪理論,調整浪可分為 a、b 及 c 三個浪:

a 浪

a 浪的調整通常被視為一個升市中的健康調整,市場情緒普遍仍然樂觀。a 浪的成交量較第 5 浪為少,貌似升浪中的調整。基本因素方面亦顯示經濟蓬勃發展,並出現過熱現象。市場人士一般忽略了 a 浪的調整幅度,無論從價位幅度或時間而言,均超出之前五個浪上升中的第 2 浪及第 4 浪調整的幅度,顯示上升趨勢基本上已經告終。

b 浪

a 浪下跌完成,市場將出現大幅反彈,進入 b 浪反彈之中,市場情緒極為樂觀,與第 5 浪頂相約,有時甚至有過之而無不及。投資者一般認為經過調整後,市場將重拾升勢。不過投資者都忽略了一點:b 浪的成交量一般比第 5 浪為少,市場情緒與成交量的相反現象,相映成趣。另一個可能的現象是,成交量較第 5 浪為多,但價位未能上創新高,反映後市堪虞。

c浪

　　b浪反彈完成後，c浪的下跌最具殺傷力。c浪下跌往往突如其來，其下跌速度極快，經常出現下跌裂口，成交量較a浪為多，但較推動浪中的第3浪為少。在c浪時，市場情緒在極短時間內由極度樂觀轉為極度悲觀。其中，通常壞消息陸續湧現，打擊投資情緒。到達c浪下跌的尾段，市價下跌，成交量收縮，投資意欲薄弱，反映拋售潮逐漸過去，一個市場的周期亦相應完成。

　　（見圖6.6）

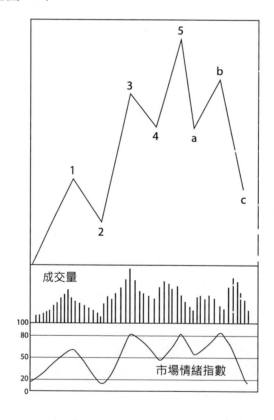

圖6.6　波浪理論與市場情緒指數

第七章

波浪理論

的

數學模型

周期理論

傳統上我們認為，金融市場上的價位與時間是截然不同的兩回事，當我們分析市場走勢時，亦將注意力集中在價位的形態或市場循環周期的分析上，兩者分開處理。

在價位上，傳統的分析方法以形態為主，輔以趨勢的直線以判斷市勢的好淡。換言之，我們認為金融市場的價格波動有其規律存在，這些規律反映在金融走勢圖表上，是一些不斷重複出現的形態，因此可作預測用途。不過，這方面的分析並未能給予我們足夠資料去預計圖表形態出現的時間及機會。此外，形態分析本身並未能給予我們一種系統化的入手方法，以解釋圖表形態重複出現的理據。

此外，為甚麼在一些獨特的情況下，市場會出現頭肩頂或頭肩底，但在另外一些例子裏，市場卻以雙頂或雙底的形式轉勢，傳統的形態分析理論對此並無論述其局限條件。

至於傳統的循環周期分析方法，一般上我們是量度市場低點出現的時間，作為周期的長度，但有時候這些底部並非以完全一致的時間周期出現，有時較早，有時較遲，令循環分析甚為困難。

江恩說得好，他認為，金融市場是由「波動法則」(Rule of Vibration) 所主宰，其中價位上落與時間的周期存在著極為密切的關係，推至極點，乃是江恩的時間價位互相轉換的理論。

江恩的市場買賣方法神乎其技，此點已在拙作《江恩理論——金融走勢分析》之中有詳細的論述，特別引起筆者注意的

是他開宗明義指出，他對市場的所有預測，乃根據循環周期理論及數學序列而作出。

換言之，投資者只要正確找出市場所運行的周期，以及其中的數學序列，我們便可以預測未來市場走勢的軌跡。

對於市場的循環周期，江恩有其獨特的「輪中之輪」理論。江恩指出，根據自然的法則，循環有大有小，有長期有中期、亦有短期。因此，循環中又有循環，互相重疊。

根據江恩的論述，其實大致上我們可以歸納出以下幾點

1. 金融市場的升跌由大小不同的循環周期互相影響而成；

2. 不同的市場有不同的大小循環周期，因而令市場產生不同的波動形態；

3. 金融市場的不同循環周期間，無論在頻率（Frequency）或幅度（Amplitude）上，都存在著數學序列的關係。

根據江恩對於金融市場循環周期的論述，筆者嘗試將之數理化利用電腦模擬多個循環周期，並將其幅度相加，從而製作出綜合的周期。從圖 7.1 可見，其綜合的周期與金融市場價格波動的形態極為相似，最理想地，如果我們找到金融市場的主要大小周期的時間長度，以及正確的起始點，我們便可以模擬市場的走勢，從而預測未來。

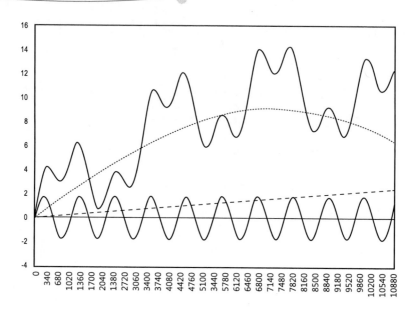

圖 7.1　綜合周期形態

　　據翁鴻華先生所提供的數學公式：

$$A = \sin\left(D \times \frac{\pi}{180} \times \frac{1}{L}\right) \sqrt{L}$$

其中：

A 是周期的升跌幅度；

D 是 0 至 360 度的角度；

L 是周期時間的長短的倍數，L 愈大，亦表示周期愈長。

$\sqrt{L}$ 是周期倍數的平方根。換言之，周期時間增長倍數與升跌幅度 A 增長倍數存在平方根的關係。

　　此外，在大小周期之間的關係中，所選用的數學關係是平方的關係。換言之，如果在五個周期之中最小的是 1 個單位，而較大的周期為 2 倍、4 倍、16 倍及 256 倍，上面公式中參數

L 的代入數便為 1、2、4、16、256……。通用公式為 1、X、

X^2、X^4、X^{16} ……。

利用多個大小不同的循環周期，我們大致上可以模擬出不同市場走勢形態，以下試引一例以供說明。

在本例子中，筆者選用 3 的數學序列作為周期長度之間的關係，其周期倍數是：1、3、9、81、6561。

套用在五個大小不同的周期公式上，應為如下：

$$A1 = \sin \left(\frac{D\pi}{180} \times \frac{1}{1} \right) \sqrt{1}$$

$$A2 = \sin \left(\frac{D\pi}{180} \times \frac{1}{2} \right) \sqrt{2}$$

$$A3 = \sin \left(\frac{D\pi}{180} \times \frac{1}{9} \right) \sqrt{9}$$

$$A4 = \sin \left(\frac{D\pi}{180} \times \frac{1}{81} \right) \sqrt{81}$$

$$A5 = \sin \left(\frac{D\pi}{180} \times \frac{1}{6561} \right) \sqrt{6561}$$

上面 A1 至 A5 的數字為周期升跌幅度，可按以下公式計算綜合的周期升跌指數：

A = A1+A2+A3+A4+A5

有一個觀察十分有趣：如果我們用不同的數學序列計算不同的大小周期，圖表上會出現不同的傳統形態：

3 的序列——雙頂及雙底形態；

4 的序列——五上三落的波浪形態；

5 的序列——頭肩頂或頭肩底形態。（參看圖 7.2）

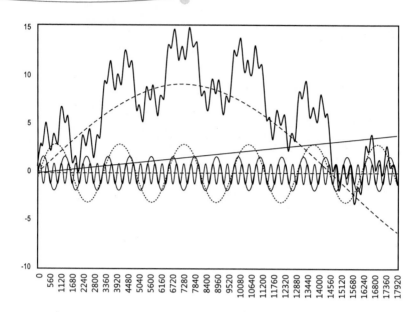

圖 7.2 綜合周期與雙頂 / 底形態

頭肩頂 / 底的由來

　　如果我們説，不同的周期結合產生不同的市場形態，其實我們應該要進一步去問，不同周期之間究竟有何關係，從而產生我們所見到的市場走勢形態呢？

　　江恩給予我們一個重要的提示：「數學的序列」(Mathematical Sequences)。換言之，不同的循環周期之間，存在著一些數學的關係，當這些循環周期互相重疊時，便會對市場產生作用。

　　以下筆者嘗試利用 5 的序列去模擬一個市場走勢的形態。這形態是由五種大小不同的循環周期所組成，其循環時間長短的關係以下面公式表達：

$$1 : 5 : 5^2 : 5^4 : 5^{16}$$

換言之，五個周期時間的比例為 1 比 5 比 25 比 625 比 390625。將之代入周期的公式中，五個循環周期公式如下：

$$A = Sin\left(\frac{D\pi}{180} \times \frac{1}{L}\right)\sqrt{L}$$

其中 L 是上面 5 的數學序列其中之一，將所有 A 的結果相加，我們便得到圖 8.3 的走勢形態。

在圖 7.3 上清楚見到，綜合曲線形成頭肩頂及頭肩底的形態，與金融市場所見到的價位形態極其相似，且價位突破頭肩頂或頭肩底頸線後，都可達到量度目標。

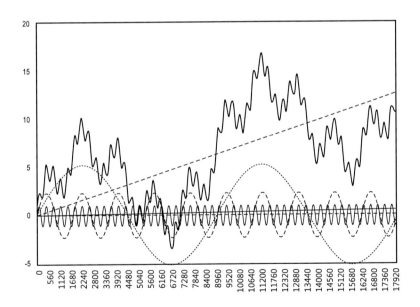

圖 7.3 綜合周期與頭肩頂／底形態

雙頂 / 雙底的由來

在圖表形態分析的領域之中，除了頭肩頂及頭肩底的形態之外，相信最為重要的趨勢轉向形態，便是市場的雙頂及雙底的形態。其實，若我們以數學序列來模擬這種形態，最簡單就是以 3 的平方關係作為循環周期之間的比例。其中的大小循環周期時間比例為：

$$1 : 3 : 3^2 : 3^4 : 3^{16}$$

換言之，在五個主要循環之中，其時間的倍數是 1 比 3 比 9 比 81 比 6561。代入沿用的公式之中，所得到的綜合周期可見於圖 8.4。

由圖 7.4 可見，模擬的走勢圖中，趨勢往往以雙頂或雙底的形式轉勢，而圖表上，當趨勢突破頸線的時候，量度目標亦可達到。

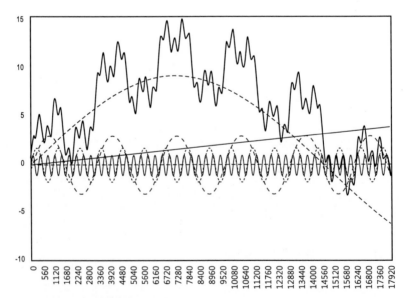

圖 7.4　綜合周期與雙頂 / 底形態

說到尾，究竟雙頂／底及頭肩頂／底的成因何在？

對於雙頂來說，其實是由一個大周期及其三分之一時間的小周期所組成，雙頂的兩個高峰，是由小周期的兩次高峰組成，而雙頂中間的低位，則由大周期頂峰與小周期的谷底互相影響而成。

至於頭肩頂形態，其實是由一個大周期及其五分之一時間的小周期所組成。兩個周期的同時起始點，是在上破頸線、營造左肩之前，上衝力度最大。頭及兩肩是小周期的高峰，至於「頭部」之所以特別高，則是由於大及小周期的頂峰一同所造成的。

波浪形態的由來

對於傳統圖表形態的由來，包括頭肩頂／底、雙頂／底的成因，筆者已經先後從循環周期的理論加以解釋，至於波浪理論所討論的「五個推動浪，三個調整浪」的形態，我們亦可以利用循環周期及數學序列的倍數關係加以解釋。

筆者所選用的周期倍數，是以4為基數的，該序列如下：1、4、16、256、65536。

換言之，筆者用以模擬市場走勢的五個周期，其時間存在著上述的倍數關係。

將上面周期長度代入循環的公式當中，並將之相加，我們便得到一些不斷重複「五上、三落」的波浪形態，與波浪理論鼻祖艾略特（R. N. Elliott）所描述的一樣。

上面綜合周期所產生的形態，可見於圖 7.5。

從圖 7.5 中，我們除了可以見到市場的五個推動浪及三個調整浪之外，我們更加可以發現艾略特波浪理論的另一大原則浪中有浪。

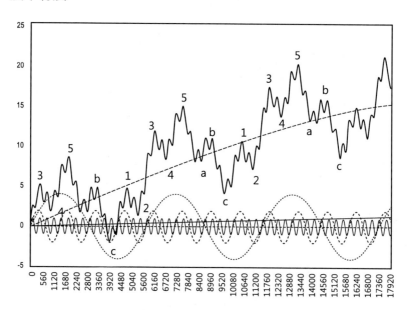

圖 7.5　綜合周期與五上三落的波浪形態

圖表上，1、3、5 的推動浪之中，實際上可以分拆為五個子浪，至於 2 浪與 4 浪，則可以分拆為 a b c 三個調整子浪，反映波浪理論「浪中有浪」的原理並非憑空想像，而是有著循環周期的數學基礎。

波浪理論中所謂「浪中有浪」，其實歸根究柢可以用循環周期的理論加以解釋。

在上面的公式之中，筆者利用五個循環周期以計算綜合周期的形態，其周期倍數的比例是‧

1、4、16、256、65536

若果我們將上面的周期全部縮減一級，其比例將見如下

0.25、1、4、16、256

將上面五個較小的周期綜合起來，則我們在圖 7.6 中便可以看到次一級的波浪形態，亦是以「五個推動浪，三個調整浪」的形式運行。換言之「浪中有浪」的波浪原則，其實可以看為是低一級循環周期所產生的效果，而市場的「分式結構」（Fractal Structure），亦可看為是循環周期之間互相影響之下的結果。（參看圖 7.6）

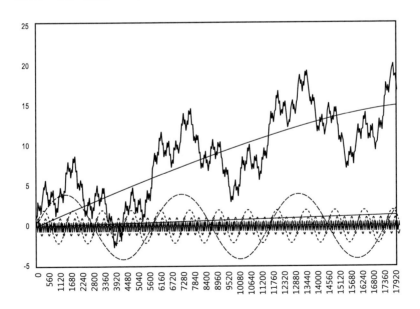

圖 7.6　綜合周期與浪中有浪形態

除此之外，我們可以解釋幾個市場的現象：

市場的底部或頂部經常不會完全準確地發生在大循環周期的「正統」底部及頂部，原因是這些大周期受到較小周期的影響，底部經常發生於大周期見底之前，而市場頂部則經常發生於大周期見頂之後。

由五個大小周期所綜合而成的形態，與波浪理論所描述的市場特性極為相似，以下列出以供讀者參考。

艾略特平衡通道

波浪理論鼻祖艾略特在 20 世紀 30 年代所描述的市場結構，認為市場的推動浪以五個浪的形式上升，並沿著一條平衡通道運行，其中 2 浪至 4 浪的上升軌，與 1 浪至 3 浪的上升軌互相平衡。

此外，在調整浪之中，市場是以 a b c 三個浪運行，在我們上述的模擬形態之中，5 浪頂至 b 浪頂的阻力線，與 a 浪底至 c 浪底的支持線，亦存在著平衡的關係。(參看圖 7.7)

至於非線性的周期公式如何產生平衡通道，仍然有待數學家解釋。

此外，值得注意的是，5 個推動浪之中，第 5 浪的幅度等如第 1 浪，在 a b c 的調整浪之中，c 浪的長度亦等如 a 浪的長度，與波浪理論所描述的浪與浪之中的關係亦為一致。

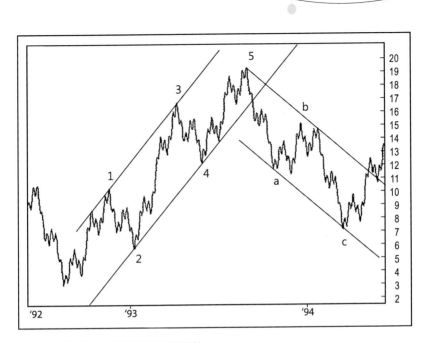

圖 7.7　推動浪及調整浪與平衡通道

神奇數字與黃金比率的時間周期源頭

以下筆者將其中一個「五上三落」的形態分割出來，以了解其中每個浪之間的結構。在筆者所選用的數據中，其結構見圖 7.8 當中比例如下：

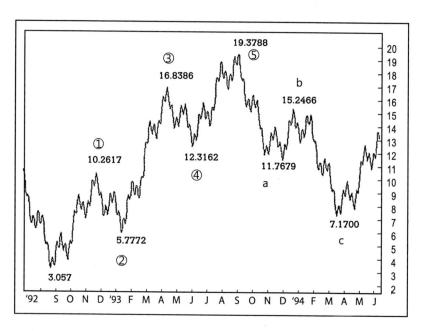

圖 7.8　波浪形態與黃金比率

第①浪：3. 0570 至 10.2617

第②浪：10.2617 至 5.7772

第③浪：5.7772 至 16.8386

第④浪：16.8386 至 12.3162

第⑤浪：12.3162 至 19.3788

　　a 浪： 19.3788 至 11.7679

　　b 浪： 1.7679 至 15.2466

　　c 浪： 15.2466 至 7.1700

從上面每個波浪之間，關係如下：

②浪是①浪的 62.24%（接近 61.8%）

③浪是①浪的 153.53 %（接近 150%）

④浪是③的 40.88 %（接近 38.2%）

⑤浪是①浪的 98.03 %（接近 100%）

　a 浪是①至⑤浪的 46.63%（接近 50%）

　b 浪是 a 浪的 45.71%（接近 50%）

　c 浪是 a 浪的 106.12%（接近 100%）

a b c 三個浪共調整①至⑤浪的 74.8%（接近 76.4%）

　　由上面的比率分析，圖 7.8 五個推動浪與三個調整浪之間的關係與波浪理論所描述的極為接近。

　　在筆者所模擬的「五上三落」波浪形態中，除了價位的比例與波浪理論所描述者極為接近外，其時間關係亦極為巧妙。

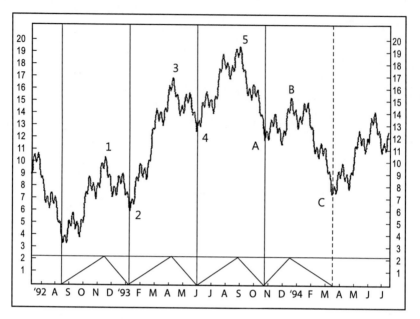

圖 7.9　波浪形態與時間周期

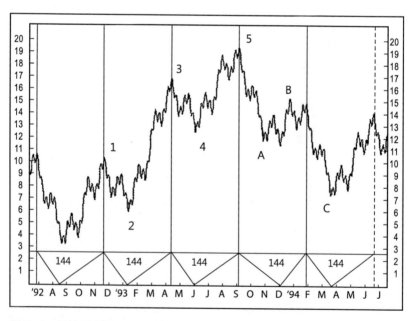

圖 7.10　波浪形態與 144 天周期

在圖 7.9 之中，1 浪起點、2 浪底、4 浪底、A 浪底及 c 浪底，全部相距 144 個時間單位。

在圖 7.10 之中，1 浪高點、3 浪高點、5 浪高點及 B 浪高點，每一個高點之間亦相距了 144 個時間單位。

事實上，每一個低一級周期之中，例如：1 至 2 浪、3 至 4 浪、5 至 A 浪及 B 至 C 浪，每一個周期都可以按 36 個時間單位分割為四個市場低位或市場高位。如是者，每一個 36 個時間單位的周期亦可進一步分割為四個更小的周期，每一個以 9 個時間單位所組成。

換言之，在「五上三落」的波浪形態之中，存在著 4 及 16 的時間倍數關係，值得我們細心留意。

事實上、江恩理論極之強調 144 的時間單位，認為是一個市場的重要周期。正如筆者在《江恩理論一金融走勢分析》一書所述：「江恩的波動法則，可以化約為數學的方式表達，萬物繁衍的方式乃是以 1、2、4、8、16、32、64、128……的方式發展。」

在「五上三落」的波浪結構之中，除了出現以 4 為倍數的循環周期之外，我們亦可以發現，其高低點之間，大致上存在著神奇數字的時間序列關係，以下列出以供參考：

1. 第 1 浪共運行 94 個時間單位，與神奇數字 89 相差 5 個單位。

2. 第 1 至第 2 浪共運行 1 個時間單位，剛為一個神奇數字。

3. 第 1 浪到第 3 浪頂，共運行 239 個時間單位，與神奇數字 233 相差 6 個單位。

4. 由 1 浪開始至 5 浪頂，共運行了 383 個時間單位，與神奇數字 377 相差 6 個單位。

5. 由 1 浪至下一個周期的子浪 2，共運行 613 個時間單位，與神奇數字 610 相差只有 3 個單位。

6. 從 5 浪頂起計，至 A 浪底共運行 51 個時間單位，與神奇數字 55 相差 4 個單位。

7. 從 5 浪頂起計，至 B 浪的子浪 (b) 運行 87 個時間單位，與神奇數字 89 相差 2 個單位。

8. 從 5 浪頂起計，至 C 浪的子浪 (c) 共運行 144 個時間單位，剛為一個神奇數字。(參看圖 7.11)

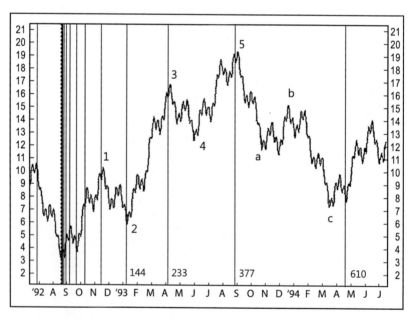

圖 7.11　波浪理論與神奇數字周期

在筆者所模擬的波浪形態之中，最後筆者可以找到以下的時間比率關係，可供參考：

1. 五個推動浪的上升共運行 382 個時間單位，而三個調整浪共運行 194 個時間單位，兩者之間的比例為 51%。

2. 以第 1 浪的上升計，共運行 94 個時間單位，而第 2 浪的調整則運行 50 個時間單位，兩者之間的比例為 53%。至於第 3 浪與第 4 浪的關係，無論在幅度及比例上亦與第 1 及 2 浪相等。

3. 第 5 浪運行 94 個時間單位，與第 1 浪的時間一樣。

4. 在三個調整浪之中，a 浪運行 50 個時間單位，是第 5 浪所運行的 53%。

5. b 浪運行共 58 個時間單位，是 a 浪的 116% ，亦是第 1、3 及 5 浪的 62%。

6. c 浪共運行 86 個時間單位，是 a 浪的 172% ， b 浪的 148% ，亦是 1、3 及 5 浪的 91%。

由上面可見，1、3、5 及 c 浪時間相若，而 2、4、a 及 b 浪的時間亦相若。

上面筆者應用數學序列及循環周期的模型，闡釋波浪理論的由來，亦解答了為甚麼波浪理論是「五個推動浪，三個調整浪」的原因。然而，我們要明白的是，波浪理論並非硬生生的數學模型或數浪規條，其背後其實是反映著市場情緒隨周期而變化的現象。

　　或者可以這樣說，金融市場的價格與周期其實是對投資大眾情緒起伏的一種精確的記錄。既然在金融市場上我們見到神奇數字與黃金比率所發揮的影響力，這亦暗示了投資大眾的情緒及由情緒而引發出來的行為，亦存在著神奇數字與黃金比率的結構關係。眾人的行為互相影響，結合在時間的軌道上，便是人類的歷史。因此，我們亦可以說，人類的歷史之中，亦存在著神奇數字及黃金比率的數學結構。

第八章

買賣技巧
與
風險管理

　　了解過波浪理論的分析方法後，當然最重要的是討論基於波浪理論而發展出來的買賣技巧，以及相應的風險管理。

　　傳統上，對於買賣技巧有兩套學說，第一套學說是愈強愈買（Buy On Strength），第二套學說是愈弱愈買（Buy On Weakness）。在上面兩種學說中，究竟哪一套較為合適呢？

　　道氏理論及形態分析理論都強調「愈強愈買」的理論，買入強者，沽出弱者，是趨勢買賣者的重要原則。

　　周期理論及價值理論者則認為，在最弱時買入，在最強時沽出，才是最理想的策略。原因是，當周期低點買入，必買到低於價值的價位；當周期高點沽出，必可以在高於價值時套現。是故，「愈弱愈買」是周期買賣者的重要原則。

　　對於上述入市策略及技巧，我們必須明白分析者是有所知而有所不知。對於趨勢買賣者而言。是知其勢而不知其時，對於周期買賣者而言是知其時而不知其勢。由此看來，分析者都盡量使用其分析方法的優點，以買賣策略配合之。

　　回到波浪理論的範疇，究竟我們應該用「愈強愈買」的方法，還是「愈弱愈買」的方法呢？筆者的答案是，視乎你知甚麼而不知甚麼。

　　如果你知道趨勢中何時為強，何時為弱，你可以在市場強時入市，弱時出市。如果你知道市場的底部是最弱，並是時間轉勢時，當然是在最弱時買入；又如果你知道市場的頂部在何時出現時，自然是在最強時沽出。

正確應用波浪理論，其實兩者都可以採用。

以下筆者逐一介紹在不同波浪階段中應用買賣策略及風險管理的方法。

一、1浪上升

在1浪上升時，投資者要考慮是否「摸底」。摸底的風險較高，因為低處未算低，跌浪的破壞力可以相當驚人。不過，若然經過分析後，摸底亦並非不可能的事，但要緊記止蝕盤的擺放。方法如下：

1) 在摸底時，主要留意之前的調整浪是否已經出現所有應該出現的波浪形態，例如c浪的五個子浪是否已經出現，而時間周期是否互相配合。在買入時是否在重要支持位之上。入市前，並應留意即市圖上是否已出現雙底等見底的形態。在買入後，必須訂定一個止蝕位，萬一市況有變，止蝕位可限制風險。

2) 若投資者希望等候1浪出現後才入市，以確保安全，則可待以下訊號的出現：

1浪的子浪 i 及子浪 ii 出現後，待子浪 iii 突破時才入市。突破時，有以下的可能性：

a. 升破之前 c 浪調整的下降軌；

b. 1浪的子浪 iii 上破子浪 i 的高點，形成一個小型頭肩底形態或雙底形態。

目標待1浪的子浪 v 高點出現。

風險管理：

任何數浪式都會有出錯的機會，上述的止蝕位應設於：

a. c 浪底之下；

b. 1 浪的子浪 ii 底部之下。（見附圖 8.1）

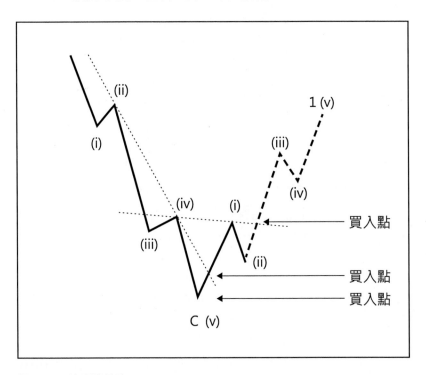

圖 8.1　1 浪買賣策略

二、2 浪調整

在 2 浪調整中，一般不會作買賣。不過，如果所面對的是大型的 2 浪，則買賣策略會屬高沽低買。高沽者是高沽 a 浪及 c 浪；低買者是低買 b 浪。

入市的方法：

1) 高沽 a 浪是待 1 浪的五個子浪完成後，沽 2 浪子浪 a 博回吐；

2) a 浪形態出現後，博 b 浪反彈；

3) 待 b 浪形態出現後，博 c 浪的調整。

風險管理：

設定止蝕盤於每一個子浪的起點之上 / 之下，遠近的價位幅度視乎可承受的風險程度。(見附圖 8.2)

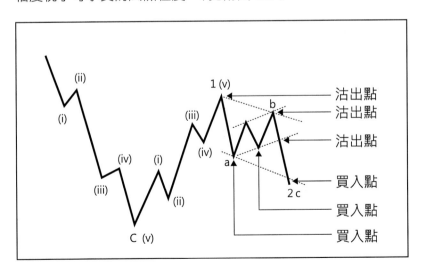

圖 8.2　2 浪買賣策略

三、3 浪上升

3 浪上升是最具爆炸力的升浪，不容錯過。

在捕捉 3 浪時，有以下幾個重要切入點：

1) **2 浪底**——在 2 浪底買入是「愈弱愈買」的理論，理想的切入點是 1 浪的 0.618 或 0.666 的回吐水平，但要看清楚 2 浪的子浪 c 已完成所需要的波浪形態。止蝕位設於 1 浪起點之下，或者一個可容忍的風險水平。

2) **3 浪突破**——在突破 1 浪頂時買入是「愈強愈買」的理論，理想的入市點有兩個：一個是 3 浪升破 2 浪的下降阻力線，另一個是 3 浪升破 1 浪頂的價位水平。止蝕位設於 2 浪底，或 2 浪下降阻力線之下，或 1 浪至 2 浪底的上升支持線

3) **3 浪上升裂口**——3 浪若出現上升裂口，多為不會被補回的「突破性裂口」，入市點在裂口開市之後，止蝕位設於裂口之下。

除此之外，若 3 浪中出現延伸浪，每次子浪的調整完成後往上突破，都是入市的機會。（見附圖 8.3）

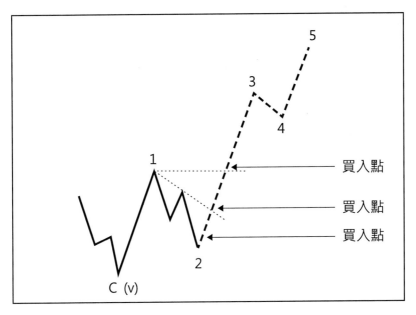

圖 8.3　3 浪買賣策略

四、4 浪調整

　　在市場完成 3 浪上升，進入 4 浪調整時，多數都在無聲無息中出現，因此沽空 4 浪的難度極高。反而，在 4 浪的子浪 a 出現後，順著趨勢買入 b 浪可能更為容易。b 浪的買入點可以是 3 浪的 0.236 或 0.333 的回吐水平。

　　待 b 浪的形態出現後，而 b 浪不升破 3 浪頂，可考慮沽空 4 浪的子浪 c。不過要留意 c 浪可能發展成水平三角形的 c d e 三個浪，形成一個橫向調整的局面。(見附圖 8.4)

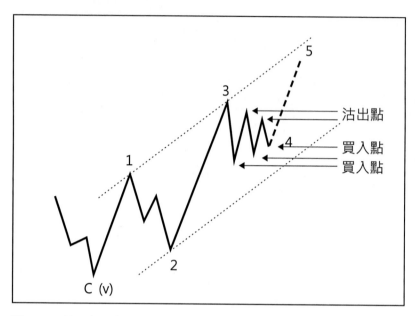

圖 8.4　4 浪買賣策略

五、5 浪上升

5 浪出現時，其買賣策略與 3 浪接近。捕捉 5 浪有以下幾個重要切入點：

1) **4 浪底**——在 4 浪底買入是「愈弱愈買」的理論，理想的切入點是 3 浪的 0.382 回吐水平，但要看清楚 4 浪的子浪是否已完成所需要的波浪形態。止蝕位可設於 4 浪底之下一個可容忍的風險水平。在 4 浪底方面，艾略特通道底可以作為一個重要的參照點。

2) **5 浪突破**——在突破 4 浪的下降阻力線時買入，止蝕位設於 2 浪底至 4 浪底的上升支持線之下。

3) **三角形突破**——若 4 浪是水平三角形,則買入點在 5 浪
   突破三角形頂線後,止蝕位設在三角形的底線之下。預
   期的上升幅度最少是水平三角形的高度。(見附圖 8.5)

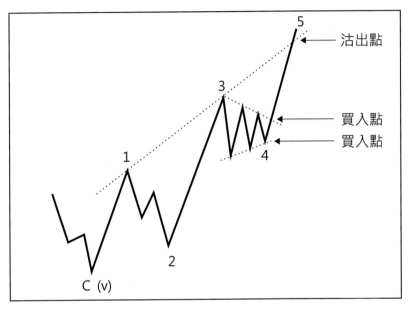

圖 8.5　5 浪買賣策略

六、a 浪下跌

　　預期 5 浪的結束是頗考功力的,一方面,5 浪可能出現延
伸浪,令 5 浪持續不斷上升,另一方面,5 浪可能發展成為斜
線三角形,又或者出現失敗浪。因此,筆者多不建議在最強時
沽出,寧願在轉弱時沽出。

　　何時是捕捉 a 浪下跌的切入點呢?有以下幾個:

1) **下跌裂口**——當市場在 5 浪時完成其波浪形態,a 浪下
   跌出現第一個下跌裂口,反映市況轉弱。沽出點在裂口
   開市之後,止蝕位在下跌裂口之上。

2) **下破艾略特通道底** —— 若市況出現轉勢，市價應下破 5 浪的艾略特通道底。沽出點應在通道底之下，而止蝕位在 5 浪頂。

3) **下破斜線三角形底線** —— 若 5 浪是斜線三角形，則當市價下破斜線三角形底線後可以沽出，而止蝕位設於 5 浪頂。

上述沽空 a 浪的下跌目標約為 1 至 5 浪的 0.236 倍。另外，下跌目標亦可設於 5 浪的子浪 ii 水平。

此外，調整浪的深度要視乎這一個調整浪是屬於短期或中期的調整浪。（見附圖 8.6）

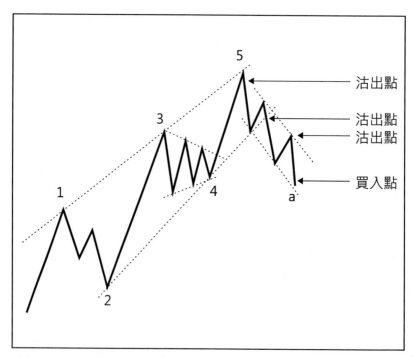

圖 8.6　a 浪買賣策略

七、b 浪反彈

在 b 浪的反彈中，一般較為反覆，不容易買賣。不過，如果所面對的是大型的 b 浪，亦可以高沽低買的策略操作。入市的方法包括：

1) 待 a 浪完成其子浪後買入 b 浪，博 b 浪的子浪 a 反彈。

2) 待子浪 a 反彈完成後，在波幅內沽出子浪 b。

3) 在高一級的 b 浪中，待其中的子浪 b 不跌破子浪 a 的起點時，買入子浪 c，止蝕位設於子浪 a 之下。

風險管理：

設定止蝕盤於每一個子浪的起點之上 / 之下，遠近的價位幅度視乎可承受的風險程度。（見附圖 8.7）

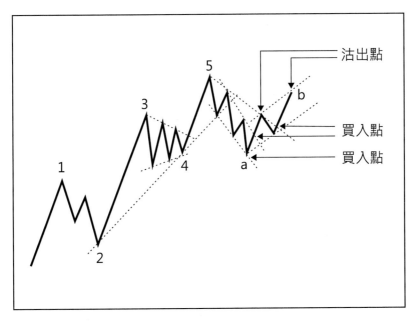

圖 8.7　b 浪買賣策略

八、c 浪下跌

c 浪是繼 3 浪之後最值得買賣的一段浪，這段浪的爆炸力雖然不及 3 浪，但速度卻可以很快。在捕捉 c 浪時，有以下幾個重要的切入點：

1) **b 浪頂**──在 b 浪頂沽出是「趁強沽出」的策略，理想的切入點是 a 浪反彈的 0.618 或 0.666 水平，但亦有機會是平坦形態或不規則形態的 b 浪，可以回升至 5 浪頂甚至其上。是故，買入 c 浪前要小心判斷 b 浪的形態。止蝕位一般設定於一個可容忍的風險水平之上。

2) **c 浪下破**──較安全的做法是待 c 浪回落，展現弱勢時才沽出。入市點可待 c 浪下破 b 浪的上升支持線時沽出，止蝕位設於 5 浪頂至 b 浪頂的下降軌之上。另外，入市點亦可待 c 浪下破 2 浪底與 a 浪底上支持線時沽出，止蝕位與上面相同。

3) **c 浪下跌裂口**──c 浪若出現下跌裂口，多為不會補回的「突破性裂口」，入市點在裂口下跌開市後，止蝕位設於裂口之上。

c 浪的目標一般以 a 浪的長度為下跌目標，或者以 a b c 調整浪的下降通道底為目標。（見附圖 8.8）

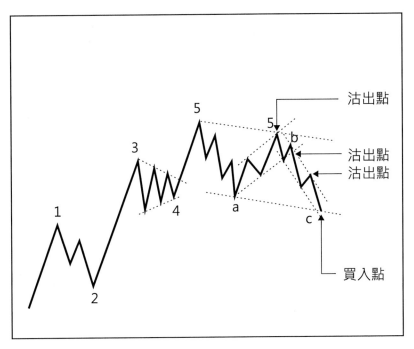

圖 8.8　c 浪買賣策略

　　上面的入市策略及止蝕盤擺放的方法糅合了波浪原則及傳統形態分析的方法，主要讓應用者在釐定買賣策略時有清晰的風險回報計算。

　　在應用波浪理論時，最重要是明白每一種數浪式都並非百分百正確，個人總有偏執的時候。應用者一方面要客觀地作出分析預測，但亦必須常抱「覺今是而昨非」的胸襟，讓市場的現實作導引，並勇於止蝕，放膽去贏，才是真正明白波浪理論精神。

第九章

波浪理論

的常見問題

　　波浪理論可謂知易行難，理論看似簡單，但當應用到實戰情況時，分析者往往迷失方向，到回首一看，卻發現波浪形態如圖展現，清晰不過。究竟為甚麼會有這樣的情況呢？

　　但凡面對未來，其實都有類似的情況，當局者迷，旁觀者清，這並不是應用波浪理論而獨有的現象。

　　亦有人認為，波浪理論是一套解釋性的學問（Descriptive Knowledge），所謂解釋性的學問意指它描述已發生的事實相當不錯，不過當應用到預測方面，便不能勝任。對於這種看法，不少對社會科學理論的批評都持這種觀點。然而，我們應該明白，未來是大家都未知道未確認的事實，我們不能用「未來」的事件來做實驗，以驗證其理論的真確性。我們可以看到的只是從前已發生過的事件，一套理論若能夠用來解釋很多事件，或者更極端地說，一套理論若沒有不能解釋的事件，則這套理論在未來持續可靠的機會便愈大。波浪理論被應用超過半個世紀，而應用的人愈來愈多，可見波浪理論有極強的分析作用。

　　另外，亦有人認為，波浪理論是一套偽科學，所謂偽科學就是指這一套學問以科學為包裝，實際上只是一套玄學。玄學的意思是，該理論自圓其說，拿任何市場圖表的形態都可以數出波浪來，既不能說它錯，亦不能說它對。對於上述的觀點，前者是對，後者是錯。不錯，任何人拿著市場圖表的形態都可以數出波浪來，事實上，市場有不少人真的胡亂數浪。不過，亂數浪的人多並不表示理論有問題。對於後者，即「既不能說它錯，亦不能說它對」的觀點則肯定是錯的。波浪理論的數浪是為了預測未來的走勢，預測對了就是對，預測錯了就是錯，在這裡沒有含糊之處。

然而，波浪理論可以説是一門科學嗎？在科學哲學的層面來説，波浪理論是一門科學，因為該理論既解釋已發生的事件，亦預測將來的事件。理論本身亦存在邏輯的一致性。

那麼，有人認為波浪理論是一門藝術，這又如何去看？波浪理論與其他藝術理論不同的地方是，藝術理論是解釋性的，並不是預測性的。由此看法，波浪理論並非一門藝術。

若波浪理論是一門科學，它可以被否證嗎？嚴格來説，數浪式可以被市場的發展所否證，亦由於數浪式有被否證的可能，波浪理論的數浪式才會緊貼市場的形態發展而不會背道而馳，波浪理論的數浪式才會被不斷修正，以緊貼市場的形態發展，數浪者可不致閉門造車。

然而，波浪理論可否全盤被否定呢？筆者認為這有一定的困難，原因是，實驗者必須將市場其他變數固定下來，只容許一個變數，這才能達到一個實驗的效果。然而，在市場這個充滿意向性活動的地方，這種實驗情景是無法出現的。

波浪理論實際上有點像生物學的方法，它將所有生物及植物歸類，然後，再按不同的特徵細分類別，並予不同的名稱。在不同的類別下觀察其中特徵，相同的類別有相同的特徵。生物學家在森林裡面發現的植物，可以從其特徵辨別其類別，並按其類別預測其發展的形態及結構。

不過，正如科學的發現經常都帶來新的驚喜，波浪形態的變化層出不窮，亦每天為分析者帶來新的可能性。

在應用波浪理論時，分析者經常面對不同的問題，以下章節希望為讀者解答一些常見的問題：

一、應用波浪理論時，應該如何入手？

答：應用波浪理論時的入手方法，決定數浪結果的對與錯。入手時，應從最長線的圖表開始數浪。確定了中長期所處的波浪，再作中短期的數浪，如是者，可以數至小時圖，甚至分鐘圖。視乎存在的數據而定，應以年線圖或月線圖為起點，數算 30 年或以上的圖表。其後是以周線圖數算 5 年內的圖表走勢以日線圖數算 1 年的圖表走勢。即市圖表方面，以 4 小時圖看 1 個月的走勢，1 小時圖看 2 周的走勢，30 分鐘圖看 3 天的走勢。

二、波浪理論是否只適合大盤或股票指數的分析？

答：艾略特發展波浪理論時，主要以道瓊斯工業平均指數為分析的基礎，波浪理論的分析一般用於股票指數或大盤走勢。至於個別股票方面，由於個別股票的流通量較低，反映市場狀況的能力較弱，因此一般不會應用在波浪理論的分析之中。在個別股票中，主要股東、策略性投資者或大戶往往可以左右個別股票的短期走勢，與整體市場情緒背道而馳，因此筆者並不建議在個別股票上應用波浪理論。

然而，對於流通量較廣的貨幣、商品及期貨，波浪理論一般均適用。

三、數浪時為甚麼一定是五個推動浪，三個調整浪，為甚麼不可以是五個推動浪及五個調整浪，或七個推動浪及五個調整浪？

答：由艾略特開始，波浪理論分析者是長期應用五個推動浪及三個調整浪為基礎，並且經過時間的考驗，行之有效。這是配合不斷的市場觀察及預測應用而得出的。此外，五個推動浪與三個調整浪亦與費波納茨數字序列（Fibonacci Number Series）互相呼應，艾略特在《自然法則》一書中更強調波浪理論是建基於該基礎之上。

因此，若有人要另創新猷，便需要首先建立新理論的數理基礎，並配合長時期的市場觀察及驗證，並非一朝一夕之事。

四、從事波浪理論分析時，應否分析基本面的因素？

答：在這方面，分析者必須先了解波浪理論分析者對基本面因素的看法。基本因素反映經濟現狀、市場資金流向及利率等因素。然而，在成熟的市場中，股市是企業融資的地方，資金的供應者，這些企業的活力決定經濟上的投資、消費及就業。企業領導人亦觀察股市的動向而決定投資及生產的規模。由此可見，股市的動向是走在經濟之前，而非同步。就過往的經驗可見，當股市下跌，市面的消費便慢慢放緩，而企業亦開始收縮投資及開支，造成收縮的循環。相反，當股市壯旺，市場信心增加，企業的投資、消費者的支出亦告增加，就業亦好轉。依此觀察，是股市帶動基本面因素還是基本面因素帶動股市呢？若答案是前者的話，分析基本面因素來預測股市動向便犯了邏輯因果關係上的謬誤！

　　若股市是一個未成熟的市場，市場的活動主要靠銀行融資及政府政策所推動，則企業的投資及消費者的支出，往往受到銀行銀根鬆緊以及政府政策所左右。股市與經濟其他環節一樣，是受到這些因素的同步影響，影響著經濟生產、就業及投資的因素一樣影響著股市。那麼，用與股市同步的市場現象來分析股市亦犯了邏輯因果關係上的謬誤！

　　然而，政府政策與其控制的信貸政策又取決於甚麼呢？政府政策及信貸鬆緊其實又要看經濟及股市的情況而定。經濟及股市過熱會引發一連串政府的政策及信貸收緊，經濟過弱，股市不振亦會引致財金官員改變財政及金融政策。由此看來，所有因素是在互動中發生。在一個循環周期中，我們找不到其中的因果關係。

　　基於上面辨證，對於波浪理論分析者而言，基本因素只屬一些參考資料而已。對於正確的波浪的判斷，分析者必須在波浪形態裡去找尋。

　　有關技術分析與基本分析的比較，可見附表 9.1。

技術分析	對比	基本分析
· 假設歷史會以某種形式重複		· 外來因素的假設決定分析結果
· 假設投資者是既理性，亦情緒化		· 假設投資者是理性及客觀的
· 只考慮市場內部因素，例如價格、成交量、時間		· 考慮市場外部因素，例如利率、經濟增長等
· 以觀察，統計為基礎		· 以分析推理為基礎
· 用於投資決策		· 用於內在價值的判斷

表 9.1　技術分析與基本分析的比較

五、技術指標是否有助波浪理論的分析呢？

答：技術指標是應用市場歷史數據計算出來的指標，理論上反映市場的趨勢或市場超買及超賣的狀況。市場的技術指標是同步反映市場現狀，但按指標的趨勢有其前瞻性作用。因此，對波浪分析而言，技術指標有其參考的作用，但並非必須的。言之，一位經驗豐富的波浪分析家應該不需要技術指標已能單憑波浪形態而作出正確的數浪式。

不過，在判別波浪的特性時，特別是市場的動量方面，動量指標如變速率（Rate of Change, ROC）或動量（Momentum）都能對市場動量作出數量化的比較，因此亦經常為波浪分析者所採用。一般來説，在 1、3 及 5 浪中，3 浪動量最高，5 浪動量較低，反映市場到 5 浪時動量不足，以確認 5 浪的到達。另外，當動量出現突破或新高時，很多時都被用以作為推動浪出現的憑證。

此外，周期性指標例如隨機指數（Stocastics, STC）或MACD（指數平滑異同移動平均數）等，亦有不少分析家配合波浪理論分析市場。

六、電腦程式是否有助正確數浪？

答：市面上有不少電腦程式聲稱可自動數浪，問題是，電腦程式員是否真正明白波浪理論中的邏輯及各種變化的處理才是最關鍵之處。筆者覺得，這類程式如電腦診症一樣，需要設計員將經驗大量輸入電腦，才能作出貢獻，否則，其成效只能作參考之用而已。在電腦技術沒有真正突破之前，筆者相信人類憑經驗作波浪判斷是較為有效的。

七、數浪時多種數浪式同時有效，我們應如何選擇最佳數浪式呢？

答：數浪時，最重要是先參考長期數浪式，已可刪除不少不合用的數浪式。餘下來的可按下面程序選取數浪式：

1) **捨難取易**──數浪式以簡單為主，數浪式愈複雜，錯的機會亦愈大。另外，除非不得已，避免用複式調整浪的數法。

2) **依循趨勢**──數浪時勿輕言轉勢，應盡量依循趨勢而數浪，艾略特通道是有用的工具。

3) **觀察支持及阻力**──數浪時要觀察市場的主要支持及阻力位，盡量選擇配合的數浪式。

4) **配合循環周期**──數浪時若能配合市場現有的循環周期，亦可以達致有效的數浪式。

5) **留意波浪的特性**──在數浪時要留意波浪的特性，包括市場的投資者活動、市場情緒、動量、市場裂口、成交量及未平倉合約，以作正確的波浪判斷。

八、波浪理論是否可以應用在即市的分析上？

答：理論上可以，實際上亦甚為有效。不過，投資者要留意的是，在流通量不足的市場上，波浪形態往往難以辨認；市場愈流通，波浪形態亦愈明顯。在應用上，如前述一樣，分析者要先分析日線圖的波浪形態，然後才引伸在即市圖上使用。

一般而言，分析可應用至小時圖甚至 15 分鐘圖上。再短線的話，波浪形態清晰程度不足，會影響判斷。

九、如何選擇市場以應用波浪理論呢？

答：在應用波浪理論時，雖然説是在任何市場都可應用，但在實戰中，清晰明確的波浪形態對買賣策略是極之重要的。是故，一般人會捨難取易，選擇推動浪而捨棄調整浪作分析及買賣。

在選擇市場時，一般而言可根據以下幾點：

1) **流通量大**——流動量包括成交量及未平倉合約，數量愈大，反映市場參與率愈高，市場被人為扭曲的機會愈小。

2) **波幅大**——波幅大一般反映市場處於推動浪之中，其中推動浪形態較為清晰，趨勢明顯，適合應用買賣策略。

3) **趨勢明顯**——趨勢超過三個月的話，一般屬於中期推動浪，在 3 浪或 5 浪的獲利機會亦會較大。

十、應用波浪理論時可否應用其他理論，例如江恩理論？

答：波浪理論與江恩理論都是基於自然法則而發展出來的分析方法，可謂殊途同歸。在應用波浪理論時，若得到江恩理論等分析互相確認，對於分析的準確性自然增加不少。

分析者要留意的是，波浪理論著重形態分析，而江恩理論著重時間周期及支持與阻力位的分析，兩者入手方法迥異。若兩者的分析方法最終達致一致的結論，當然最好；若結論不一致，則分析者要再檢視其波浪或江恩分析是否有修訂的必要。

第十章

中港股市

的長期波浪走勢

中港股市的長期波浪走勢

筆者將應用波浪理論於中港股市上作一分析，並從中展示各種波浪形態的實際例子。本章主要從長期的波浪走勢入手，以助缺乏長期數據的讀者掌握長、中期的數浪式。至於短期甚至即市的波浪走勢，則待讀者繼續延伸下去。

不過，筆者需要重申，數浪式是按照現時所得的資料作出波浪形態的界定，數浪式亦有可能隨市況及形態的發展而有所修訂。始終，市場永遠是對的。

股市波浪走勢

若要了解股市的波浪走勢，我們入手時必須從最長線的角度去判斷目前波浪的位置，以免影響低一級較短期波浪走勢的判斷。

一、香港恒生指數長期波浪走勢

從長期波浪形態去看，筆者較偏好的數浪式如下：

第一種數浪式以 1973 年 3 月高點 1774.96 為大浪 ①，1974 年 12 月低位 150.11 為大浪 ②，由 1974 年開始，至 1994 年 1 月高點 12599.23 是大浪 ③，大浪 ④ 由 1994 年高點 12599.23 開始，以大型的水平三角形運行，在 2003 年 4 月完成水平三角形的中浪 ⓐ。大浪 ⑤ 由 2003 年 4 月起飛，直至 2007 年 10 月高點 31958.41 見頂，上升 3.83 倍。至此，恒生指數走完周期浪 I。

自 2007 年高點，恒生指數進入長達 15 年的周期浪 II 的不規則調整浪。（參考圖10.1，及半對數圖 10.2）若此周期浪 II 完成，意味著周期浪 III 的上升來臨，最終要升破 2018 年 1 月的歷史高點 33484.08。

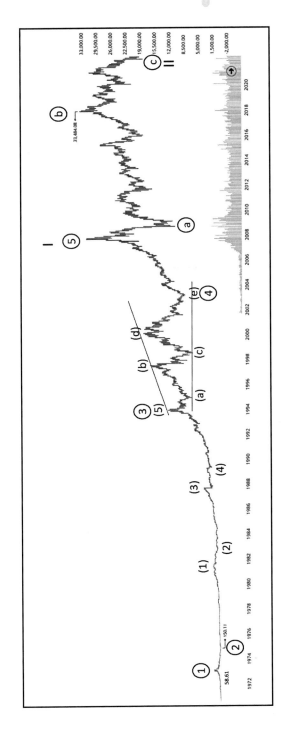

圖 10.1　香港恒生指數月線圖長期數浪式 (1967 年 8 年低位 58.61 至 2023 年 6 月)

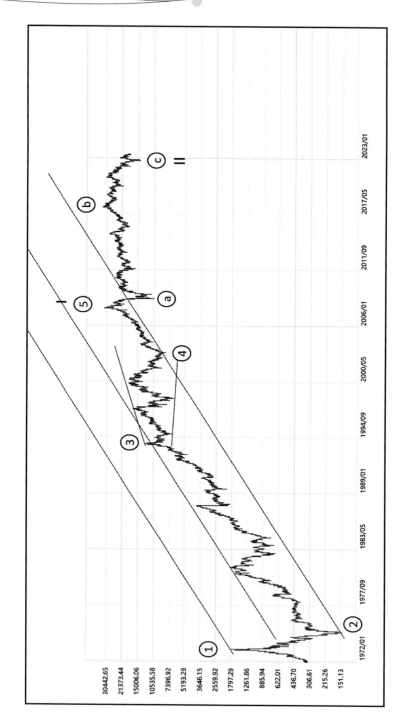

圖 10.2　香港恒生指數月綫半對數圖第一長期數浪式 (1967 年 8 年低位 58.61 至 2023 年 6 月)

第二數浪式則以月線半對數圖及艾略特通道為界定，則以 1973 年頂為周期浪·I，1974 年底部為周期浪 II，2007 年頂為周期浪 III，其後的 15 年不規則調整浪為周期浪 IV，之後出現的將是周期浪 V，亦會創出歷史新高。（參考圖 10.3）

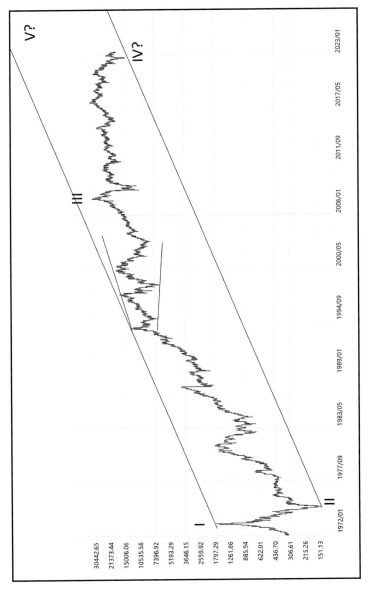

圖 10.3 香港恒生指數月線半對數圖第二長期數浪式 (1967 年 8 年低位 58.61 至 2023 年 6 月)

二、香港恒生中國企業指數長期波浪走勢

從長期波浪形態去看，筆者較偏好的數浪式如下：

恒生國企指數於2007年高點20609.10走完周期浪 I。國企指數進入長達15年的周期浪 II 的之字型調整浪。（參考圖10.4）

若此周期浪 II 完成，意味著周期浪 III 的上升來臨，最終要回升至歷史高點之上。

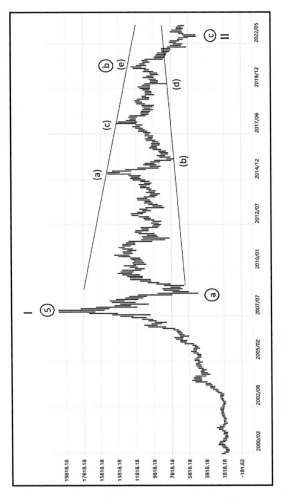

圖 10.4　香港恒生國企指數月線圖長期數浪式（2000 年 1 月至 2023 年 6 月）

三、香港恒生科技指數長期波浪走勢

從長期波浪形態去看，筆者較偏好的數浪式如下：

恒生科技指數於 2021 年高點 11001.78 走完周期浪 I。科技指數進入周期浪 II 的調整浪。(參考圖 10.5)

若此周期浪 II 完成，意味著周期浪 III 的上升來臨，最終要回升至歷史高點之上。

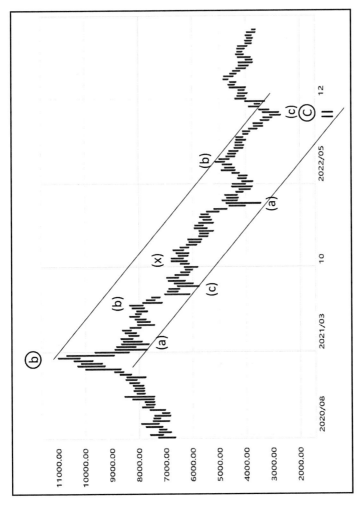

圖 10.5　香港恒生科技指數周線圖數浪式 (2020 年 7 月至 2023 年 6 月)

四、上海證券綜合指數波浪走勢

上海證券綜合指數（上指）自 1991 年 5 月低位 104.96 開始，至 2007 年 10 月高點 6124.04 完成周期浪 I。

其中，大浪 (1) 上升至 1992, 年高點 1429.01。大浪 (2) 以不規則調整至 1994 年 7 月低位 325.89。大浪 (3) 上升至 2001 年 6 月高 點 2245.44。大浪 (4) 以之字形調整，至 2005 年 6 月低位 998.23。大浪 (5) 上升至 2007 年 10 月高點 6124.04 完結整個周期浪 I。

自 2007 年 10 月高點 6124.04 開始周期浪 II，以水平三角形的形態調整。

其中，大浪 (a) 下跌至 1664.93，大浪 (b) 上升至 2015 年 6 高點 5178.19。大浪 (c) 下跌至 2019 年 1 月 2440.91。大浪 (d) 上升 2021 年 2 月高點 3731.69。大浪 (e) 回調至 2022 年 4 月低位 2863.65。若水平三角形形態未被破壞，上證指數將完成周期浪 II 的長期調整。

周期浪 II 若完成，上證指數將進入周期浪 III 的上升。最終要超越 2007 年 10 月高點 6124.04。（參考圖 10.6）。

若以上證指數月線半對數圖應用艾略特通道，周期浪 I 已經結束，為期 16 年及 5 個月。周期浪 II 以水平三角形運行。若周期浪 II 的時間與周期浪 I 相同，時間是 2024 年 3 月。（參考圖 10.7）。

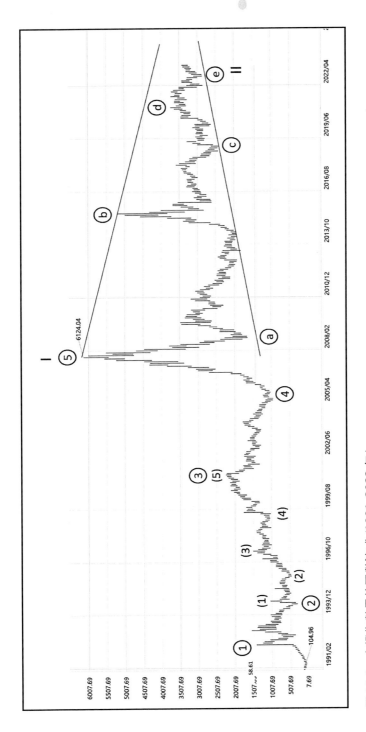

圖 10.6　上證指數月線圖數浪式 (1991-2023 年)

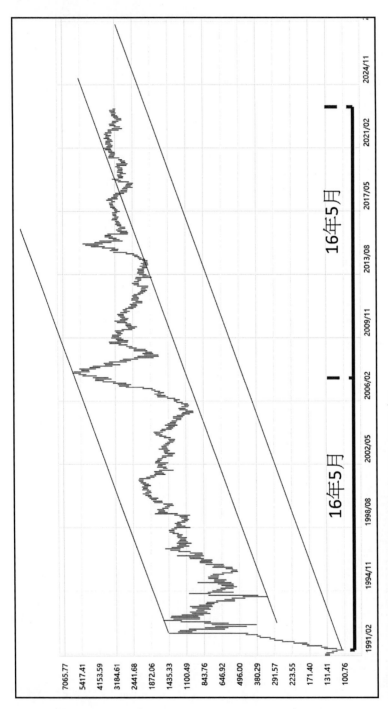

圖 10.7 上證指數月線月半對數圖數浪式 (1991-2023 年)

五、深圳證券成份股指數（深成指）波浪走勢

深成指自 1991 年 12 月 852.03 低位開始，至 2007 年 10 月高點 19600.03 完成周期浪 I。

其中，大浪①上升至 1993 年 2 月高點 3422.22。大浪②調整至 1996 年 1 月低位 924.33。大浪③上升至 1997 年 5 月高點 6103.62。大浪④以水平三角形調整，至 2005 年 11 月低位 2593.32。大浪⑤上升至 2007 年 10 月高點 19600.03 完結整個周期浪 I。

自 2007 年 10 月高點 19600.03 開始周期浪 II，以水平三角形的形態調整。

其中，大浪（a）下跌至 2008 年 11 月低位 5577.23，大浪（b）上升至 2015 年 6 高點 18211.76。大浪（c）下跌至 2019 年 1 月 7011.33。大浪（d）上升 2021 年 2 月高點 76293.09。大浪（e）回調至 2022 年 4 月低位 10087.53。若水平三角形形態未被破壞，深成指將完成周期浪 II 的長期調整。

深成指將進入周期浪 III 的上升。最終要超越 2007 年 10 月高點 19600.03。（參考圖 10.8）。

若深成指月線半對數圖應用艾略特通道，周期浪 I 已經結束。周期浪 II 以水平三角形運行。若周期浪 II 完結，周期浪 III 上升將見出現（參考圖 10.9）。

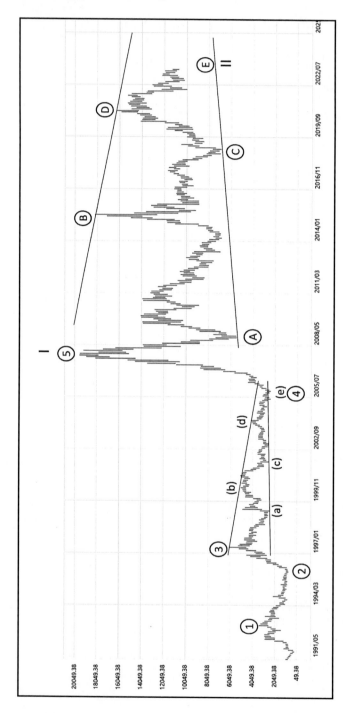

圖 10.8　深圳成份股指數月線圖 (1991-2023 年) 數浪式

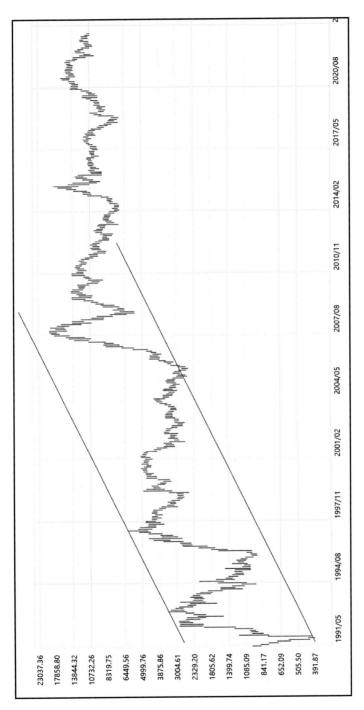

圖 10.9　深圳成份股指數月線半對數圖圖數浪式 (1991-2023 年)

滬深 300 指數波浪走勢

滬深 300 於 2007 年 10 月高點 5891.72 完成周期浪 I。之後開始周期浪 II，以水平三角形的形態調整。

其中，大浪 ⓐ 下跌至 2008 年 11 月低位 1606.73，大浪 ⓑ 上升至 2015 年 6 月 5380.43 高點。大浪 ⓒ 下跌至 2016 年 2 月 2821.22。

不規則形態完成後，滬深 300 將完成周期浪 II 的長期調整。之後，滬深 300 將進入周期浪 III 上升。（參考圖 10.10）

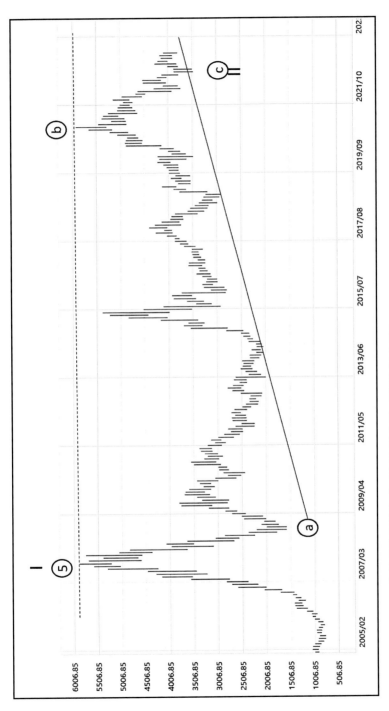

圖 10.10　滬深 300 指數月線圖數浪式 (2005 月 1 日 -2023 年 6 月)

第十一章

美國股市

的長期波浪走勢

美國股市波浪走勢

英國蘇格蘭經濟學家亞當·史密斯（Adam Smith）於1976 年 3 月 9 日出版經濟學巨著「國富論」（The Wealth of Nations），打下了自由市場經濟的理論基礎。同年，以自由市場開始的美國，於 1776 年 7 月 4 日立國，崛起於世界舞台，將資本主義推向高峰。紐約證券交易所亦在 1792 年成立。美國股市將國富論的力量表現得淋漓盡致。

按美國道瓊斯指數（道指）所記錄的美國股市表現，美股充份表現出波浪理論所描述的牛市強勁推動浪，亦表現出熊市調整浪的殺傷力。

從歷史來看，美股的超級浪 (I) 於 1929 年 9 月 381 高點見頂，走了 137 年。其中，周期浪 I 上升至 1802 年，之後是接近五十年的周期浪 II 調整，直至 1865 年美國南北內戰結束。戰後，美國進入周期浪 III 上升，至 1907 年股災之前的頂。

周期浪 IV 的調整至第一次世界大戰於 1918 年完結，美股於 1921 年 8 月道指 63 點見底。

周期浪 V 是戰後經濟復甦，科技突破，帶來的股市狂潮，由 1921 年 8 月道指 63 點，於 8 年間上升 6 倍，至 1929 年 9 月道指見 381 高點。由此完成超級浪 (I)。

超級浪 (II) 的熊市將美國甚至全世界推進經濟大蕭條。由 1929 年 9 月道指見 381 高點開始，進入股災，在 10 月 28 日黑色星期五，單日下跌 13%。其後，美國進入經濟大蕭條，由 1929 高點開始下跌，至 1932 年大熊市的低位，下跌達 89.18%，道指低見 41.22。

　　從長期角度看，毫無疑問，道指由 1932 年的低點 41.22 開始是五個超級浪的推動浪。這個數浪式與艾略特的數法有些不同，艾略特看 1942 年才是一個超級浪完結的地方，並以水平三角形完成。不過，事隔數十年，波浪形態的發展似乎以 1932 年低點完成超級浪的調整，並開始五個周期浪，而艾略特通道亦更有效地追蹤超級浪（III）的發展。（見附圖 11.1）

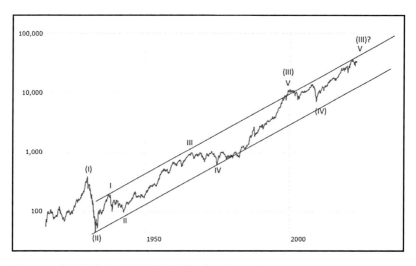

圖 11.1　美國道指年線半對數圖數浪式 (1917-2023)

　　超級浪（III）由 1932 年底位 41.22 起始，進入長期的上升，亦展開五個周期浪的上升，到 2000 年 1 月高點 10940.53 結束。其中出現五個周期浪：

　　周期浪 I 是由 1932 年 6 月 41.22 開始，至 1937 年 3 月 186.41。

　　周期浪 II 調整由 1937 年 3 月高點 186.41 至 1942 年 4 月 95.35。在二次世界大戰（1939 年 9 月–1945 年 9 月）之中見底。

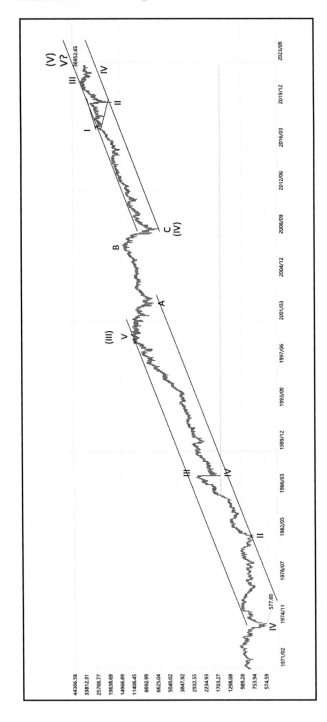

圖 11.2　美國道指月線圖超級浪 (III)、(IV) 及 (V) 數浪式 (1970-2023)

周期浪 III 由二次大戰底位 1942 年 4 月低位 95.35 上升，至 1966 年 2 月 951.89 完成，其中經歷 3 年韓戰 (1950-1953)，9 年越戰 (1955-1964)。

周期浪 IV 由 1966 年 2 月 951.89 高點，進入擴大三角形的調整浪，到 1974 年 10 月低位 665.52，長達 8 年的調整。

其中，美國由 1965-1973 年，繼續 8 年越戰。而在調整浪最後 1 年，爆發第一次石油危機，由 1973 年 10 月開始，阿拉伯石油輸出國組織對支持以色列贖罪日戰爭的國家實施石油禁運，持續至 1974 年 3 月。

周期浪 V 由 1974 年 10 日低位 665.52 開始上升，至 2000 年 1 月高點 11908.50 完結，持續 26 年。周期浪 V 可謂是由石油危機及石油戰爭而推動。其中，

第二次石油危機，由伊朗伊斯蘭革命引發，由 1979 年延至 1981 年。不久，中東發生長達 8 年的伊朗對伊拉克 (兩伊) 戰爭 (1980-1988)。

兩伊戰爭結束 2 年，又爆發第三次石油危機，美國進入對伊拉克的波斯灣戰爭 (1990-1991)。其後，美國繼續在中東繼續禁飛區軍事行動至 2003 年。

在七八十年代，電腦開始普及，互聯網及手機在九十年代相繼興起，成為周期浪 V 的推動力。2000 年 2 月科網股熱潮爆破，納斯特克指數由高位 4696.69 下跌至 2002 年 9 月低點 1172.06，下跌 75%。

由 2000 年 1 月高點 11908.50 開始，美股進入超級浪 (IV) 的不規則形態調整，到 2009 年 3 月 6440.08 低點。在 9 年下跌 45.9%。

在超級浪 (IV) 調整開始一年之後,美國於 2001 年 9 月 11 日發生恐怖襲擊事件 (911 事件),美國進入反恐戰爭,並第二次波斯灣戰爭 (2003-2011)。

期間,美國於 2001 年介入阿富汗內戰 (直至 2021 年)。

美國 2004 年介入巴基斯坦西北部戰爭 (直至 2018 年)。

在超級調整浪 (IV) 的尾聲,美國次按危機帶來環球金融風暴 (2007-2008)。

在危機之中,美股於 2009 年 3 月進入超級浪 (V),進入 15 年以上的推動浪。

在整個超級浪 (V) 之中,美國聯儲局先後四次推行量化寬鬆,大幅增加貨幣供應。與此同時,美國國債佔國內生產總值 (GDP) 由 2009 年 3 月的 77.11% 上升至 2020 年 5 月高位 134.84%。

在超級浪 (V) 的上升之中,美國繼續介入中東戰爭,都是七十年代引發石油危機的阿拉伯石油輸出組織國家有關。其中,美國在 2011 年介入利比亞內戰 (2015-2019),2014 年介入伊拉克戰 (2014-2021),2014 年介入敘利亞內戰,2021 年支持烏克蘭對俄羅斯戰爭。

在超級浪 (V) 之中,科技進入長足發展,電腦晶片速度倍升,數碼貨幣出現,互聯網進入 Web 2.0,並在 2020 之後進入 Web 3.0。元宇宙技術,人工智能技術突破,量子電腦起步。將挑戰舊世界公司的營利模式,引領美股走向超級浪 (V) 的頂部。參考圖 11.1,圖 11.2,道指長期走勢數浪式。

二、美國標準普爾 500 指數數浪式

圖 11.3 是 美國標準普爾 500 指數長期走勢數浪式，圖 11.4 及圖 11.5 是超級浪 (3) 及超級浪 (5) 的數浪式。

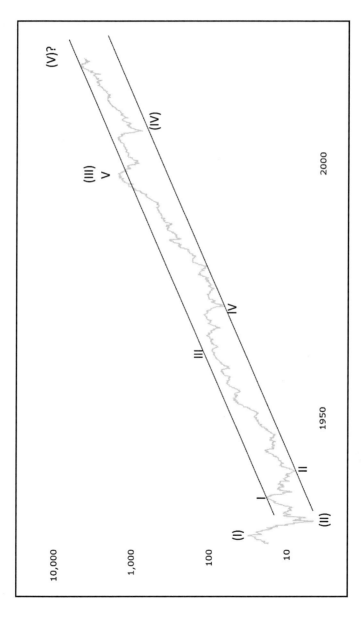

圖 11.3　美國標普 500 指數年線半對數圖數浪式 (1915-2023)

275

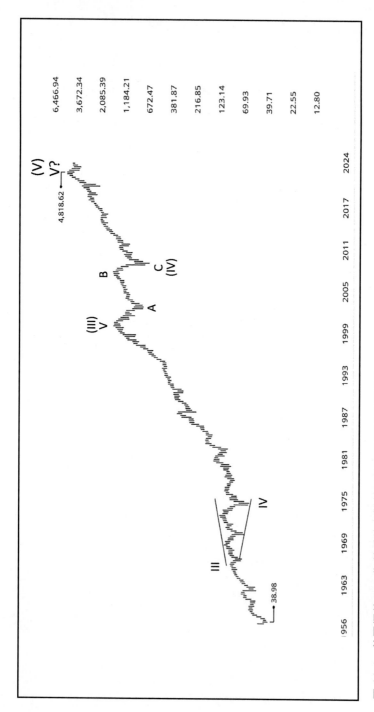

圖 11.4　美國標普 500 指數季線半對數圖數浪式 (1956-2023)

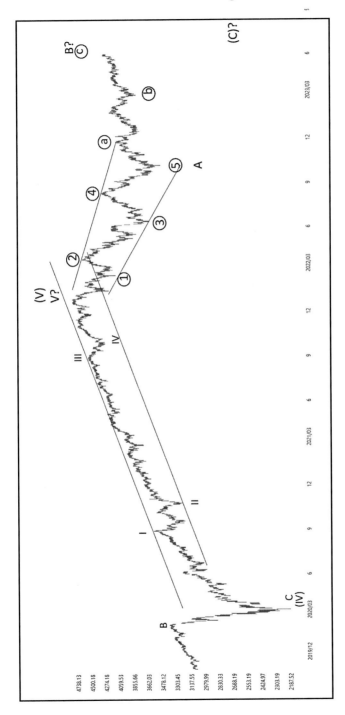

圖 11.5 美國標普 500 指數日線圖數圖浪式 (2020－2023)

三、納斯達克指數數浪式

美國納斯達克交易所由 1971 年 2 月 8 日開始，發展成美國科技股的主要市場。

長期來看，納斯達克 (NASDAQ) 指數到 2000 年 1 月完成超級浪 (I)，其調整浪到 2009 年 1 月見底。 納指的超級浪 (III) 上升 14 年至 2021 年 11 月高位 16212.23。有可能進入超級浪 (IV) 的調整。

未來的發展將受科技研究的速度，資本市場的健康以及銀行業的資金供應的情況。

參考圖 11.6，圖 11.7，納指長期走勢數浪式。參考圖 11.8 及圖 11.9 看 2020 年開始的日線圖數浪式。

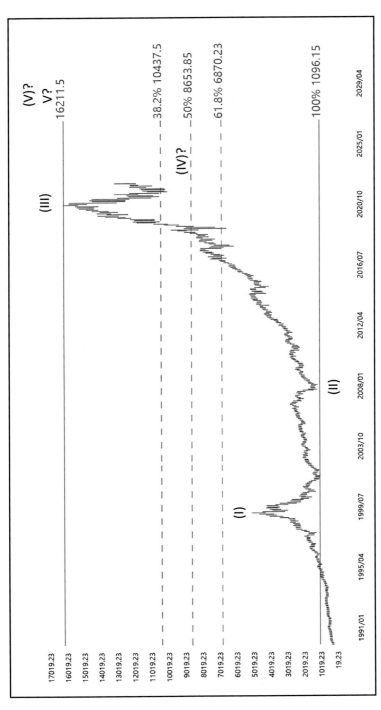

圖 11.6　美國納斯達克指數月線圖數浪式 (1972-2023)

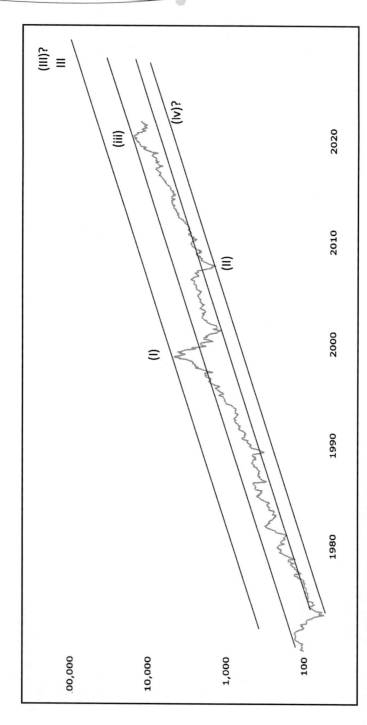

圖 11.7　美國納斯達克指數年線半對數(圖數)浪式 (1972-2023)

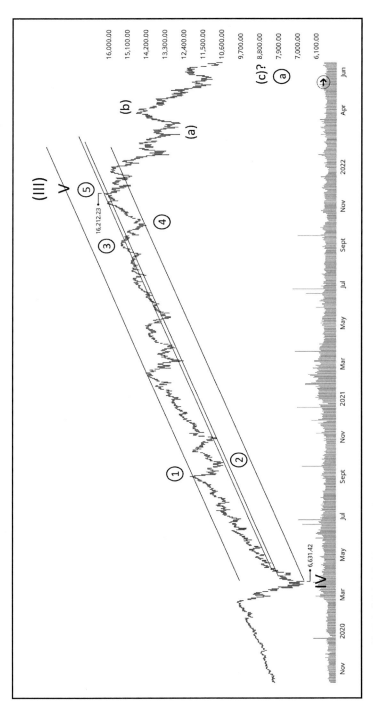

圖 11.8　美國納斯達克指數日線圖數圖浪式 (2020/3–2023/6)

第十二章

主要國際股市

的長期波浪走勢

一、英國股市波浪走勢

英國金融時報股市指數的推算圖由 1800 至 2004 年，包括二百多年的走勢。在 1800 年之前，英國已有股票交易，相信屬於超級浪 (I) 至 (III) 的走勢。由 1825 年開始，英國股市進入一個長達一百年的超級浪 (IV) 調整，以大型水平三角形的形態運行，至 1940 年第二次世界大戰時期結束。由 1940 年開始，英國股市進入超級浪 (V) 的長期推動浪上升，其中的超級浪 I 上升至 1973 年，其時遇到第一次世界性石油危機，股市進入周期浪 II 的調整；由 1976 年低點開始，英股進入周期浪 III 的上升，至 2000 年高點完結，其後的調整是周期浪 IV 的調整。現在已進入了周期浪 V。

參圖 12.1A。

英國金融時報指數於 1999 年 12 月 6930.20 見周期浪 III 見頂，之後以平坦形態 IV 浪調整至 2009 年 2 月 3830.09 見底。由 2009 年 2 月開始，英股進入周期浪 V 上升，估計以 5 個大浪上升。見圖 12.1B。

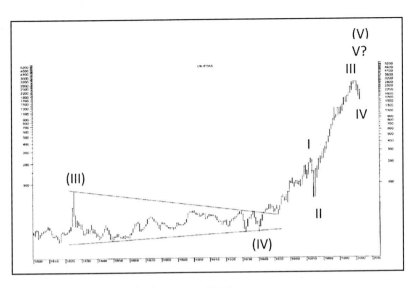

圖 12.1A　英國金融時報指數 (1800 – 2004)

圖 12.1B　英國金融時報 100 指數年線圖 (1980-2023)

二、德國股市波浪走勢

德國 DAX 指數於 2000 年 3 月 7599.39 周期浪 III 見頂，
之後以平坦形態 IV 浪調整至 2009 年 3 月 4084.76 見底。由
2009 年 2 月開始，德股進入周期浪 V 上升，估計以 5 個大浪
上升。見圖 12.2。

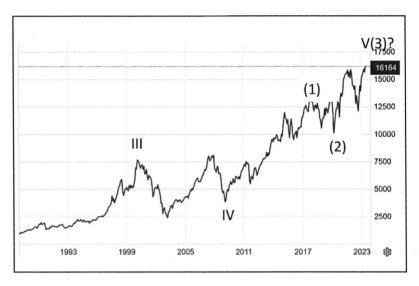

圖 12.2: 德國 DAX 指數年線圖 (1988-2023)

三、法國股市波浪走勢

法國 CAC 指數於 2000 年 7 月 6542.49 見周期浪 III 頂，
之後以平坦形態 IV 浪調整至 2009 年 2 月 2702.48 見底。由
2009 年 2 月開始，德股進入周期浪 V 上升，估計以 5 個大浪
上升。見圖 12.3。

圖 12.3　法國 CAC 指數年線圖 (1988-2023)

四、日本股市波浪走勢

　　日本日經指數自 1949 年昭和 24 年 176.21 起始，到 1965 年 12 月 28 日開始發佈 1,227.11。筆者的數浪式是以 1973 年 3 月頂部 5233.79 為周期浪 I。1974 年 10 月 3594.55 為周期浪 II 底。是第一次世界石油危機。之後，日本股市進入周期浪 III 的牛市狂潮。到 1989 年 12 月 29 日於 38,957.44 見頂。日股泡沫爆破，進入長達 20 年的周期浪 IV 調整，最終於 2008 年 1 月 4 日 6,994.90 見底。目前，日經已進入周期浪 V 上升，估計最終以 5 個子浪形式升破 1989 年高點 38,957.44。見圖 12.4

圖 12.4　日本日經指數年線圖 (1965-2023)

五、台灣股市波浪走勢

　　台灣加權指數於 1966 年以 100 點開始周期浪 I，II 浪調整至 1982 年 12 月 443.57。之後，7 年牛市升至 1990 年 2 月 12 日 12682.41 周期浪 III 浪頂。之後，周期浪 IV 長達 19 年，以水平三角形運行，至 2008 年 11 月 21 日低位 3988.43 見底。現時進入周期浪 V 的上升挑戰 20000 點新高。見圖 12.5。

圖 12.5　台灣加權指數年線圖 (1975-2023)

六、星加坡海峽時報指數波浪分析

　　星加坡海峽時報指數的長線數浪式以 1993 年 12 月 2425.7 見周期浪 III 頂部，之後進入不規則形態調整浪 IV，於 2009 年 2 月 1594.87 見底。由 2009 年開始周期浪 V，其中，大浪①於 2010 年 11 月 3144.70 見頂，大浪②以擴大水平三角形調整至 2020 年 9 月 2466.62 見底。目前進入大浪③，將創 4000 點以上見歷史新高。見圖 12.6。

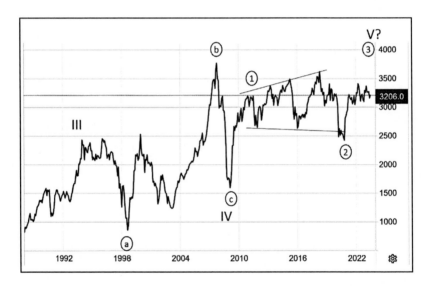

圖 12.6　星加坡海峽時報指數年線圖 (1985-2023)

七、馬來西亞股市波浪分析

馬來西亞吉隆坡指數的長線數浪式以周期浪 III 於 1993 年 12 月 1275.32 見頂，浪 IV 以不規則形態運行至 2008 年 10 月 863.61 見底。浪 V 正以 5 個子浪上升，相信將進入③浪上升，再創新高。見圖 12.7。

圖 12.7　馬來西亞吉隆坡指數年線圖 (1980-2023)

八、澳洲股市波浪分析

澳洲 SPI200 指數的長線數浪式以周期浪 III 於 2007 年 10 月 6754.10 見頂，浪 IV 以不規則形態運行至 2020 年 3 月 5076.80 見底。浪 V 正以 5 個子浪上升，相信將進入③浪上升，再創新高。見圖 12.8。

圖 12.8　澳洲 SPI200 指數年線圖 (1985-2023)

第十三章

主要滙市

的長期波浪走勢

貨幣波浪走勢

貨幣的走勢與股市的走勢不一樣，貨幣的走勢涉及兩個國家經濟強弱的對比。在主要國家之間，滙價有時像調整浪形態，亦有時會出現推動浪的形態。

一、美元指數

筆者認為美元指數的 (V) 浪已於 1985 年 1 月 160.41 見預。目前是處於 (A)(B)(C) 的調整浪。(A) 浪由 1985 年 1 月 160.41 下跌至 1992 年 8 月低位 78.88。

(B) 浪以 A B C 三個反彈浪運行。A 浪反彈至 2002 年 2 月 119.16，B 浪下跌至 71.80，C 浪反彈至 2022 年 10 月 111.54。若 C 浪完結，(C) 浪的下跌將見出現，可下降至 70 以下。(參圖 13.1)

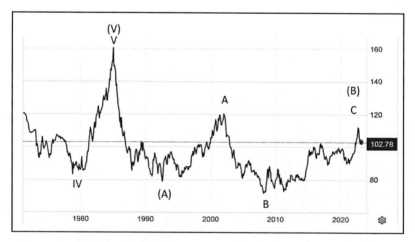

圖 13.1　美元指數年線圖 (1973- 2023)

二、英鎊兌美元波浪走勢

英鎊在 18 至 19 世紀一直是西方的強勢貨幣，在美國南北戰爭中的 1864 年，1 英鎊曾兌換 13 美元，英鎊的強勢可謂到達高峰。隨著美國經濟的發展，加上第一及第二次世界大戰，英鎊兌美元滙價江河日下。

筆者的數浪式是以 1864 年高點 13 美元開始是 (A)-(B)-(C) 三個超級巨浪的調整。至 2022 年 10 月，英鎊兌美元低見 1.03285 歷史低位，完成 158 年的調整浪。英鎊已開始扭轉 158 年的下跌趨勢，估計英鎊在未來進入 5 個浪的上升推動浪。參考圖 13.2A。

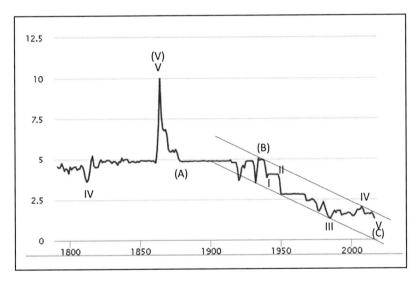

圖 13.2A　英鎊兌美元年線圖 (1800- 2023)

從中期波浪走勢來看，英鎊兌美元於 2007 年 10 月高見 2.1161 美元開始超級巨浪 (C) 之下的超級浪 V，以 5 個子浪下跌，並以下降三角形形態出現：

(1) 浪由 2007 年 10 月 2.1161 下跌至 2009 年 1 月低位 1.3514 美元。

(2) 浪反彈至 2014 年 7 月高點 1.7191 美元。

(3) 浪下跌至 2016 年 10 月低位 1.1821 美元。

(4) 浪反彈至 2021 年 4 月 1.4248 美元。

(5) 浪下跌至 2022 年 7 月低位 1.03285 美元。完結 15 年的下跌浪。(見附圖 13.2B)

圖 13.2B 英鎊兌美元 (2007-2023)

三、歐元兌美元波浪走勢

　　歐元在 1999 年元旦推出，統一主要歐盟國家的貨幣。若按歐元前身歐洲貨幣單位 (EMU) 的理論值計算，歐元兌美元的滙價可以追溯至 1958 年 1.7308 美元。理論上最高見 1973 年 7 月高住 1.8181 美元。最低跌至 1985 年 2 月低位 0.6688。形態上，歐元是以超級巨浪 (A)-(B)-(C) 三個浪運行，(A) 浪由 1985 年 2 月低位開始，到 1992 年 8 月高點 1.4407 美元。(B) 浪是以不規則形態運行，到 2022 年 7 月低位 0.9536 美元見底。估計歐元開始進入 (C) 浪的上升，最終突破 2008 年 7 月高點 1.6038 美元。（見附圖 13.3）

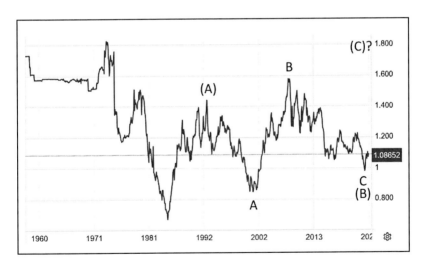

圖 13.3　歐元兌美元 (1958-2023)

四、美元兌瑞士法朗波浪走勢

瑞士法朗一直以中立國定位，成為西方資本市場的資金避難所。美元兌瑞士法朗於 1971 年 4 月高點為 4.2959，以超級巨浪(A)-(B)-(C)下跌。(A) 浪下跌至 1978 年 10 月低位 1.4880，(B) 浪反彈至 1985 年 2 月高位 2.8570。(C) 浪以 5 個子浪下跌，I 浪跌至 1987 年 12 月低位 1.2681，II 浪反彈至 2001 年 6 月 1.7935，III 浪下跌至 2011 年 7 月低位 0.7852，IV 浪反彈至 2022 年 10 月高位 1.00，估計美元兌瑞士法朗會跌至低於 2010 年 4 月低位 0.8978。（見附圖 13.4）

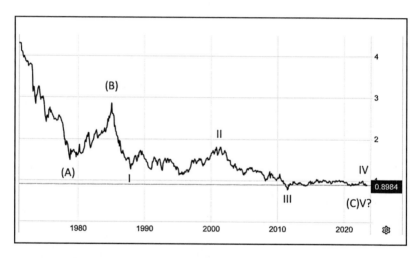

圖 13.4 美元兌瑞郎年線圖 (1970-2023)

五、美元兌加元波浪走勢

　　美元兌加元於 2002 年 2 月高點 1.6010 進入 (A)-(B)-(C)
調整浪，(A) 浪跌至 2007 年 10 月低位 0.9436，(B) 浪反彈至
2016 年 1 月高點 1.4689，估計 (C) 浪將下跌至 0.9061 之下。
（見附圖 13.5）

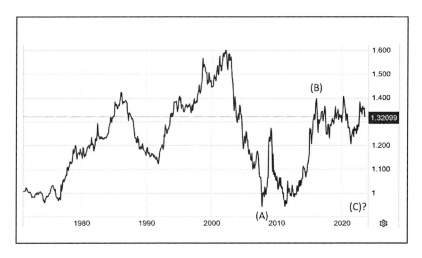

圖 13.5　美元兌加元年線圖 (1971-2023)

六、澳元兌美元波浪走勢

澳元兌美元於 1974 年 3 月 1.4850 見頂，之後進入 27 年跌市，於 2001 年 3 月低點 0.4851 見底。期後進入 (A)-(B)-(C) 三個反彈調整浪，(A) 浪上升 2008 年 7 月像 0.9849，(B) 浪以不規則形態調整，至 2020 年 3 月低位 0.5508 完結。估計 (C) 浪將上升至 2011 年 7 月高點 1.0988 之上。（見附圖 13.6）

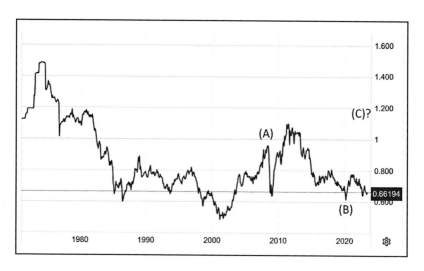

圖 13.6　澳元兌美元年線圖 (1980-2023)

七、紐元兌美元波浪走勢

紐元兌美元於 1973 年 9 月 1.4800 見頂，之後進入 27 年跌市，於 2000 年 10 月低點 0.3900 見底。期後進入 (A)-(B)-(C) 三個反彈調整浪，(A) 浪上升至 2008 年 2 月 0.8213，(B) 浪以不規則形態調整，至 2020 年 3 月低位 0.5472 完結。估計 (C) 浪將上升至 2011 年 9 月高點 0.8544 之上。（見附圖 13.7）

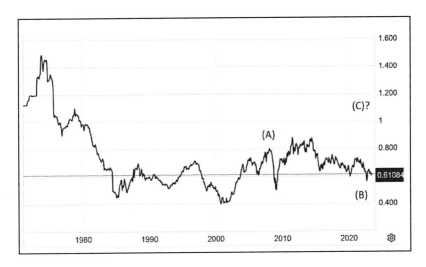

圖 13.7　紐元兌美元 (1985-2023)

八、美元兌日元波浪走勢

從長期角度看美元兌日元的走勢。由 1862 年開始，美元兌日元以五個超級巨浪運行。明治維新之後，(I) 浪上升至 1895 年，(II) 浪以橫向調整長達 25 年至 1930 年告終。(III) 浪上升至二次大戰之後，日元大貶值，到 1949 年美元兌日圓上升至 360 日元。由 1949 年起，美元兌日元進入固定匯率制長達 20 年。直至 1971 年 美元脫離金本位制度，回復浮動滙率。(IV) 浪以 ＡＢＣＸＡＢＣ形態下跌至 2011 年 10 月每美元兌 75.59 日元終結。（見圖 13.8Ａ）

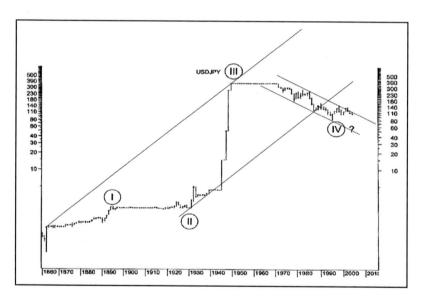

圖 13.8A　美元兌日元 (1860-2004)

目前，美元兑日元進入超級浪 (V) 上升，估計以五個超級浪上升。若持續上破 1998 年 8 月高點 147.66，形成圖表上的雙底，長線量度目標可到 215.50 日元。（見圖 13.8 B）

圖 13.8B　美元兑日元 (19800-2022)

第十四章

金市

的長期波浪走勢

一、金波浪走勢

從長期角度來看黃金價格的波浪走勢。1861 至 1865 年，美國爆發南北戰爭，美國大量發行國債，甚至直接發行美鈔以支付軍費，金價升至每安士 $47 美元。是超級大浪①。1873 年，美國通過《硬幣法案》，正式推行美元純金本位。金價約在每安士 $22.74 美元。美國在金本位確立後，金價穩定在 $20 美元左右近 50 年。1929 年美國股災，經濟進入大蕭條，美國大量黃金流失，美元承受貶值壓力直到 1933 年，金價超級大浪⑪完結。金價超級大浪⑪始於 1933 年美國總統以行政命令充公市民持有的黃金，並限制人民持有黃金。美國政府將美元兌黃金官方兌換價大幅貶值 41%，金價升至 1934 年高位 $35.00。

從波浪理論來看，1934 年 3 月高位應為超級推動浪 (I) 的終點。其後，美國宣佈新政，推動公共建設，刺激需求，金價維持到第二次世界大戰後 1944 年結束。

二次大戰後，44 個美國同盟國家在 1944 年 1-22 日在美國新罕布什爾州布列敦森林 (Bretton Woods) 華盛頓山賓館舉行會議，決定成立國際貨幣基金系統，建立固定滙率制度，以美元 $35.0 兌 1 安士黃金為基礎，建立美元成為 國際貨幣儲備。

二次大戰後，美國經濟復甦，並於 1950-1953 年美國介入韓戰，2 年後介入長達 9 年越戰 (1955-1964)。金價維持 $35.31。

從波浪理論來看，1967 年 11 月低位 $35.31 應為超級調整浪 (II) 的終點。直至 1967 年以色到與中東國家爆發贖罪日

戰爭，金價升上 \$40.31。戰後，1970 年回落至 \$36.56。這衹是金價進入爆升的前戲。美國通脹高升，美元承受巨大貶值壓力，導至黃金外流，令美國難以維持以 \$35 美元兌黃金一安士的固定滙率。

1971 年 8 月 15 日，美國總統尼克遜宣佈美國停止向外國以黃金兌換美元，變相將美元脫離金本位制。金價由 1971 年 7 月底 \$40.95，急升至 1973 年 9 月的 \$102.67。美元大幅貶值。

1973 年 10 月，阿拉伯石油輸出國組織對支持以色列贖罪日戰爭的國家實施石油禁運，爆發第一次世界石油危機。禁令直到 1974 年 3 月。到 1974 年 4 月，金價升至 \$172.12 。

第二次石油危機由 1979-1981 年伊朗伊斯蘭革命引發，金價升至 1980 年 1 月高點 \$875。

從波浪理論看，1981 年金價高點 \$875，成為金價超級浪 (III) 的終點。

由 1981 年 1 月起，金價進入近 20 年的調整。其間，美國貨幣主義學派抬頭，保羅·沃克（Paul Volcker）於 1979 年 8 月被任命為美國聯儲局主席。其間，他用激進加息，收緊貨幣供應，以控制美國高通脹情況。美國通脹最高達 15%，而聯儲局將利率加至接近 20%，換言之，實質利率高達 5%！

在高利率之下，經濟進入衰退，而持有黃金的機會成本高企，最後，黃金投資者轉投美元或其他貨幣，帶來長期金市的熊市，到 1999 年 8 月低位 255。是為超級浪 (IV) 的終點。

金市否極泰來，超級推動浪 (V) 由 1999 年 8 月開始。5 個月後，美國在 2000 年 1 月發生全球科技股股災。聯儲局再推低利率，支持股市，其效果亦減低持有黃金的成本，支撐正在起步的黃金牛市。

於 2008 年環球金融危機時，金價升破 1981 年超級浪 (III) 的 $875 頂部。

自 2008 年金融危機後，聯儲局於 2008 年 3 月至 2010 年 3 月進行第一次量化寬鬆（Quantitative Easing, QE），以買入債券及商業票據大幅增加銀行體系的美元貨幣供應，將美國利率向下推，以支持資產價格。2019 年新冠病毒全球傳播，帶來商品供應斷裂，股市急跌。在 2020 年 3 月至 2022 年 3 月，聯儲局加碼進行第四次量化闊鬆。以應對疫情對經濟的衝擊。2021 年 2 月俄烏戰爭爆發，美歐對俄羅斯能源供應制裁，引至能源價格飛漲，帶動美歐通漲急升。在高通脹的情況下，資金湧入金市，金價亦升至每安士 $2000。按波浪理論，估計黃金的超級浪 (V) 將以五個子浪形式上升。參黃金長期艾略特通道，見圖 14.1A 及圖 14.1B。

參圖 14.2 金價自 1999 年以來的超級浪 (V) 數浪式，預期金價將向上再創新高。

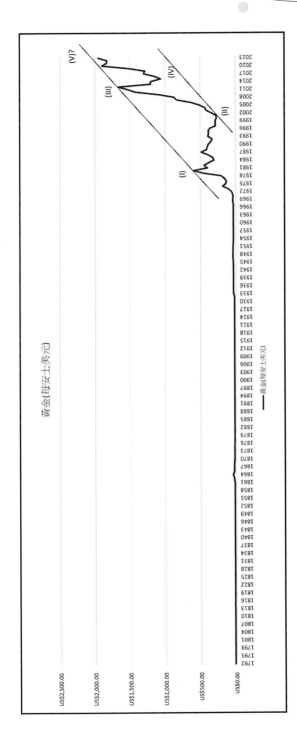

圖 14.1A　黃金年線年線圖圖數浪式 (1792-2023)

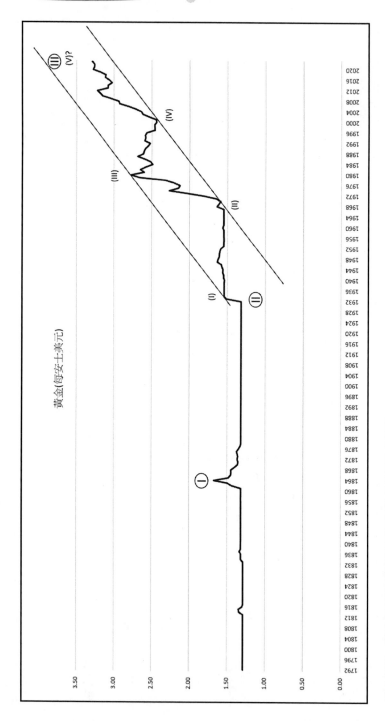

圖 14.1B 黃金年線半對數圖長線數浪式 (1792-2023)

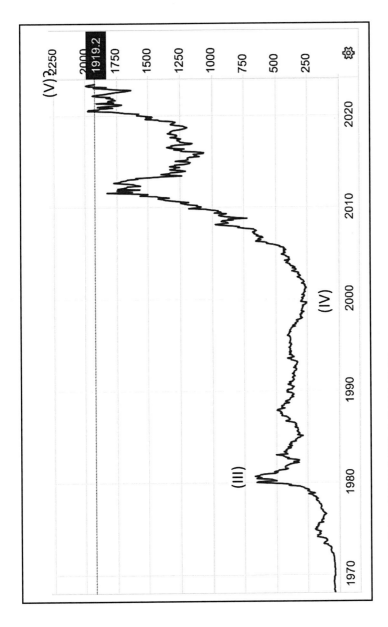

圖 14.1C　黃金年線圖長線數浪式 (1792-2023)

311

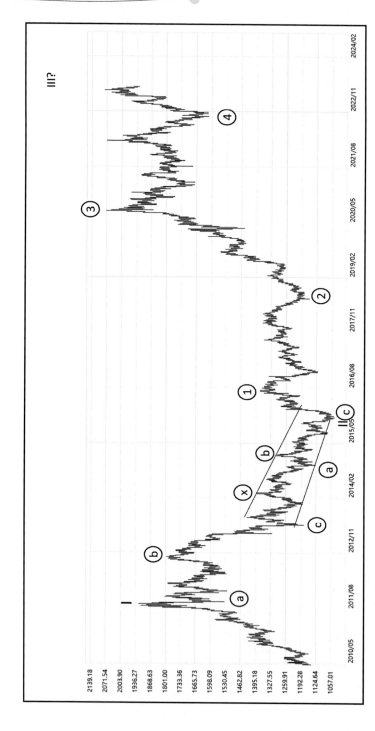

圖 14.2　黃金周線圖數浪式 (2016-2023)

二、白銀波浪走勢

白銀與黃金一樣。由 1864 年高點進入超級巨浪 (II) 的調整，於 1933 年低位結束。之後，白銀進入超級巨浪 (III) 上升，到 1980 年 50 美元高點。從波浪形態看，白銀進入超級浪 (IV) 的二十年熊市，直至 1992 年 10 月低位 3.75 美元。(見圖 14.3)

超級浪 (V) 由 1992 年 10 月開始，以五個子浪的上升。(見圖 14.4A 及，圖 14.4B 及圖 14.4C)

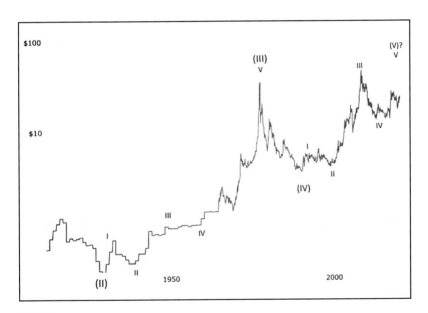

圖 14.3

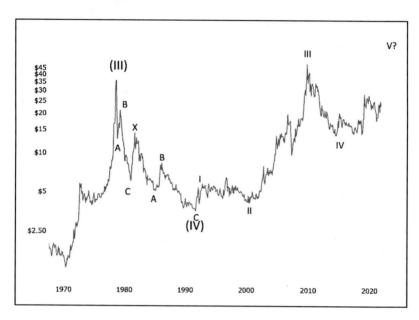

圖 14.4A　白銀年線圖半對數圖數浪式 (1980-2023)

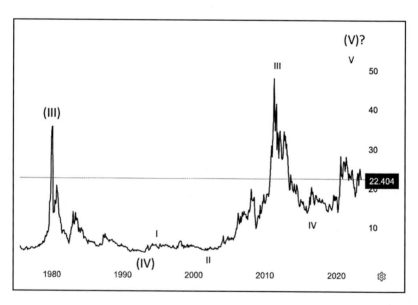

圖 14.4B　白銀月線圖數浪式 (1980-2023)

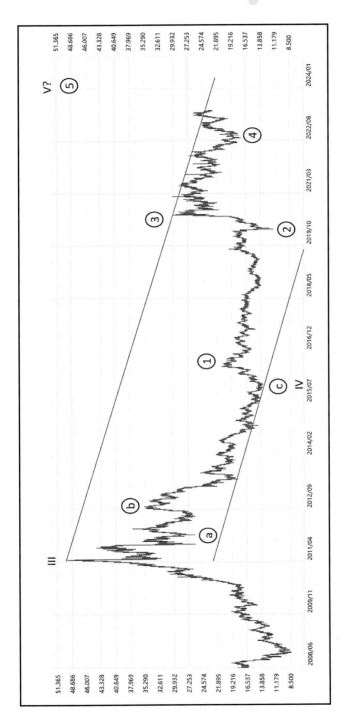

圖 14.4C　白銀月線圖數浪式 (2011-2023)

第十五章

商品市場

的長期波浪走勢

原油

原油期貨價經過二十世界 70 年代的石油危機，在 90 年代進入調整浪，至 1999 年 1 月每桶 12.75 美元見底，(III) 浪上升至 2008 年每桶 140 美元。(IV) 浪調整至 2020 年 4 月全球疫症 爆發低見 18.84 美元。目前正處於 (V) 浪上升，預期最終升破 2008 年高點 140 美元。

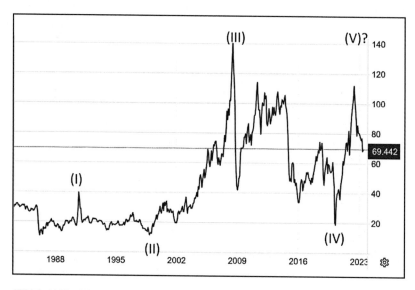

原油年線圖 (1980-2023)

天然氣

天然氣期貨價 (III) 浪於 2005 年 9 月 13.92 美元見頂，經過 14 年的調整浪，至 2020 年 3 月 (IV) 浪於 1.65 美元見底，目前正處於 (V) 浪上升，預期最終升破 2005 年高點 13.92 美元。

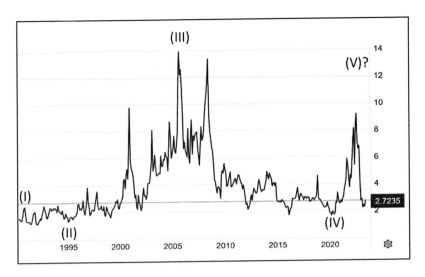

天然氣年線圖 (1990-2023)

煤

煤價自 2022 年 9 月於每吨 433.70 美元見頂，進入 (IV) 浪調整，估計 (V) 浪再創出新高。

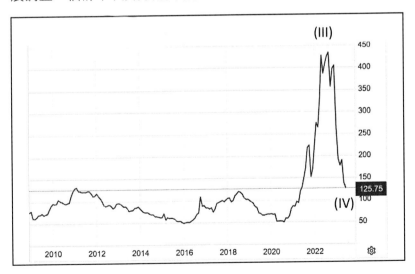

煤價年線圖 (2000-2023)

銅

期銅自 2015 年 11 月每磅 2.045 美元見 (IV) 浪底，已進入 (V) 浪上升，估計最終升破 2022 年 3 月 4.75 美元，創出新高。

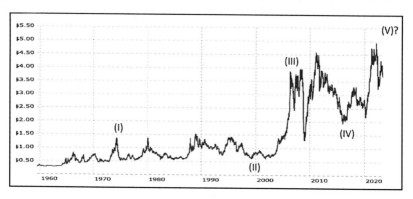

期銅年線圖 (1958-2023)

鐵礦石

鐵礦石自 2021 年 6 月每吨 215.50 美元見 (III) 浪頂，已於 2022 年 10 月 82 美元見 (IV) 浪底，進入 (V) 浪上升，估計最終升破 215.50 美元，創出新高。

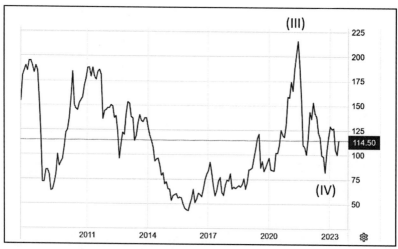

鐵礦石 (2000-2023)

小麥

　　小麥自 2008 年 2 月 (III) 浪每桶 1073.0 美元見頂，(IV) 浪調整於 2016 年 8 月 361 美元見底，現正處於 (V) 浪，最終升破 1073 美元，創出新高。

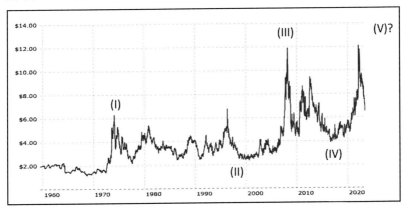

小麥 (1960-2023)

大米

　　大米期貨自 2008 年 4 月 (III) 浪升至 21.48 美元見頂，(IV) 浪調整於 2016 年 8 月 9.18 美元見底，現正處於 (V) 浪，最終升破 21.48 美元，創出新高。

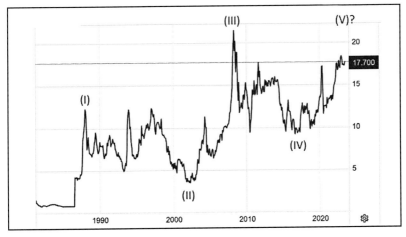

大米期貨年線 (1980-2023)

大豆

　　大豆期貨自 2008 年 6 月 (III) 浪升至 1605.00 美元見頂，(IV) 浪調整於 2018 年 9 月 845.50 美元見底，現正處於 (V) 浪上升，最終升破 1605.00 美元，創出新高。

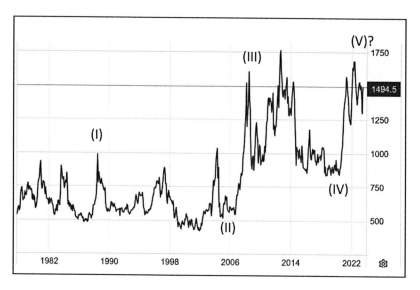

大豆期貨年線圖 (1975-2023)

黃糖

　　黃糖期貨自 1974 年 11 月 (III) 浪升至 53.20 美元見頂，(IV) 浪調整於 2018 年 8 月 10.60 美元見底，現正處於 (V) 浪上升，最終升破 53.20 美元，創出新高。

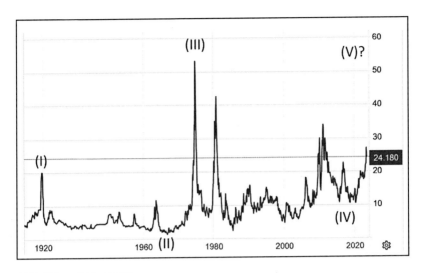

黃糖期貨 (1910-2023)

玉米

　　玉米期貨自 2008 年 6 月 (III) 浪升至 724.75 美元見頂，(IV)
浪調整於 2016 年 8 月 301.50 美元見底，現正處於 (V) 浪上升，
最終升破 2022 年 4 月 813.50 美元，創出新高。

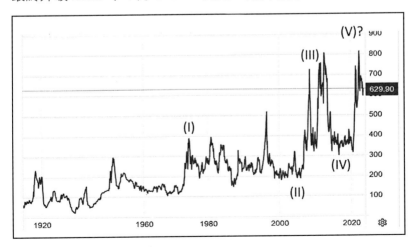

玉米期貨年線圖 (1910-2023)

棉花

　　棉花期貨自 2011 年 3 月 (III) 浪升至 200.23 美元見頂，(IV) 浪調整於 2022 年 3 月 51.13 美元見底，現正處於 (V) 浪上升，最終升破 2011 年 3 月 200.23 美元，創出新高。

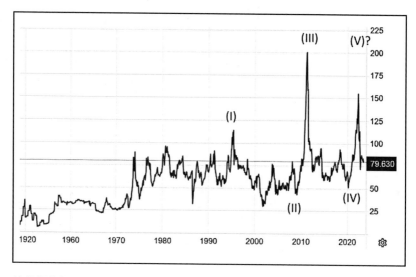

棉花期貨年線圖 (1910-2023)

參考書目：

1) Robert Balan, *"Elliott Wave Principle Applied to the Foreign Exchange markets"*, BCC Publications.

2) Robert C. Beckman, *"Elliott Wave Explained: A Real-World Guide to Predicting & Profiting from Market Turns"*, Irwin Professional Publishing.

3) Robert C. Beckman, *"Powertiming: Using the Elliott Wace System to Anticipate and Time Market Turns"*, McGraw-Hill.

4) Robert C. Beckman, *"The Downwave, Surviving the Second Great Depression"*, Seven Hills Books.

5) Robert C. Beckman, *"The Elliott Wave Principle as applied to the London Stock Market"*, Tara Books.

6) Robert Fischer, *"Fibonacci Applications and Strategies for Traders"*, Wiley.

7) Robert Fischer, *"The New Fibonacci Trader: Tools and Strategies for Trading Success"*, Wiley.

8) Matila Costiescu Ghyka, *"The Geometry of Art and Life"*, Dover Publications.

9) H. E. Huntley, *"The Divine-Proportion"*, Dover Publications.

10) Mario Livio, *"The Golden Ratio: The Story of PHI, the World's Most Astonishing Number"*, Broadway.

11) Glenn Neely woth Eric Hall, *"Mastering Elliott Wave-Pressing the Neely Method: The First Scientific, Objective Approach to Market Forecasting with the Elliott Wave Theory"*, Windsor Bks/Probus.

12) Robert Prechter, Jr., (Ed.), *"At the Crest of the Tidal Wave - A Forecast for the Great Bear Market"*, New Classic Library.

13) Robert Prechter, Jr., *"Conquer the Crash: You Can Survive & Prosper in a Deflationary Depression"*, Wiley

14) Robert Prechter and A. J. Frost, *"Elliott Wave Principle: Key to Market Behavior"*, New Classic Library.

15) Robert Prechter, Jr., *"R. N. Elliotts' Market Letters (1938-1946)"*, New Classic Library.

16) Robert Prechter, Jr., *"R. N. Elliotts' Masterworks: The Definitive Collection"*, New Classic Library.

17) Robert Prechter, Jr., *"The Complete Elliott Wave Writings of A. Hamilton Bolton"*, New Classic Library.

18) Robert Prechter, Jr., (Ed.), *"The Elliott Wave Writings of A. J. Frost & Richard Russell"*, New Classic Library.

19) Robert Prechter, Jr., *"View from the Top of the Grand Supercycle"*, New Classic Library.

20) 許沂光，《投資致富技巧（上、下冊）》，明報出版社。

21) 黃栢中，《技術分析原理──金融分析指標及買賣系統大全》，明報出版社。

22) 黃栢中，《螺旋定律──股市與滙市的預測》，香港經濟日報出版社。

編目

書　　　　　目：波浪理論家——金融趨勢預測要義
作　　　　　者：黃栢中
回 應 可 傳 至：pcwonghk@hotmail.com
出　　　　　版：寶瓦出版有限公司
出 版 公 司 電 話：+852-55425000
出 版 公 司 電 郵：info@provider.com.hk
出　　版　　地：香港
出 版 日 期：2023 年 8 月
國際書號 ISBN：978-988-70047-0-7
定　　　　　價：港幣 $280.-
尺　　　　　寸：闊 155 X 長 230 X 厚 17（毫米）
書本重量及頁數：488 克，內文 328 頁
書 本 類 型：投資 / 股票 / 外滙 / 期貨 / 商品

Title: Wave Theorist's Principals for Financial Trends Forecasting
Author: Wong Pak Chung
Feedback to author: pcwonghk@hotmail.com
Publisher: Provider Publishing Limited
Tel. No. of Publisher: +852-55425000
E-mail Address of Publisher：info@provider.com.hk
Place of Publication：Hong Kong
Date of Publication：August 2023
ISBN: 978-988-70047-0-7
Price: HK$280.-
Dimension (mm): 155(w) X 230(l) X 17(h)
Book weight / pages: 488g / 328pages (text)
Book categories：Investment/ securities/ forex / futures/ commodities